化学工业出版社"十四五"普通高等教育规划教材

教育部国家级一流本科课程建设成果教材

计算机辅助设计
AutoCAD工程制图教程

JISUANJI FUZHU SHEJI

AUTOCAD GONGCHENG ZHITU JIAOCHENG

赵 武　周波　主编

冯竟竟　主审

U0300735

化学工业出版社

·北京·

内容简介

　　本书为国家级一流本科课程"计算机辅助设计"的建设成果教材，全书对标一流课程建设要求，坚持立德树人，围绕知识、能力、素养目标，全面提升教学目标要求，注重提升课程的高阶性、突出课程结构和内容的创新性、增加课程的挑战度，契合工程专业学生解决复杂问题等综合能力培养要求。

　　全书共11章。第1～4章以基础图案绘制为主线，通过案例学习命令。第5～7章以进阶图案绘制为主线，深入学习绘图和编辑等命令。第8、9章为提高与技巧，学习快速作图的各类技巧，以便提高作图速度。第10章为综合案例，讲述在工程设计过程中绘制平面图、立面图、剖面图的思路和方法。第11章为布局与打印，讲解布局与模型空间打印的方法。

　　本书结构层次清晰，内容新颖，由简而繁，由易到难，前后连贯，系统性强，非常适合土木、建筑、水利、规划、园林、装饰、机械等专业的学生从零学起，也适合建筑设计、结构设计等专业人员自学使用，同时也是难得的优秀培训教材。

图书在版编目(CIP)数据

　　计算机辅助设计：AutoCAD工程制图教程/赵武，周波主编. —北京：化学工业出版社，2022.6（2024.9重印）
　　教育部国家级一流本科课程建设成果教材　化学工业出版社"十四五"普通高等教育规划教材
　　ISBN　978-7-122-41868-5

　　Ⅰ.①计…　Ⅱ.①赵…②周…　Ⅲ.①工程制图-AutoCAD软件-高等学校-教材　Ⅳ.①TB237

　　中国版本图书馆CIP数据核字（2022）第128697号

责任编辑：刘丽菲
责任校对：赵懿桐
装帧设计：刘丽华

出版发行：化学工业出版社（北京市东城区青年湖南街13号　邮政编码100011）
印　　装：河北鑫兆源印刷有限公司
787mm×1092mm　1/16　印张13　字数309千字
2024年9月北京第1版第2次印刷

购书咨询：010-64518888
售后服务：010-64518899
网　　址：http://www.cip.com.cn
凡购买本书，如有缺损质量问题，本社销售中心负责调换。

定　　　　价：49.80元　　　　　　　　　　　版权所有　违者必究

本书编者团队

主　编：赵　武　周　波

副主编：刘海艳　贾广印　张　燕　林　丽

参　编：王　琨　付　洋　霍拥军　徐宗美　钱淑香

序

教育部在 2019 年提出，打造"金课"淘汰"水课"，经过三年左右时间，建设万门国家级和万门省级一流本科课程。赵武老师负责的"计算机辅助设计"课程，在 2020 年首批国家级一流课程评选中脱颖而出，被评为线上线下混合式国家级一流本科课程。一流课程的打造，并非一蹴而就。"计算机辅助设计"经过了二十多年的持续建设，积累了课程内容、实践育人、教师团队等多方面的成果，实现了线下线上教学的深度融合。

为更好提升课程教学质量，在赵武、周波主编，冯竟竟主审和化学工业出版社的共同努力下，《计算机辅助设计——AutoCAD 工程制图教程》即将出版。该教材采用了新颖的结构体系，探索了计算机辅助设计软件教与学的新模式，体现了"计算机辅助设计"一流课程教学成果与示范引领，在如下方面独具特色。

内容科学性。教材按照一流本科课程建设要求进行内容重塑，以国家规范为依据，充分挖掘工程领域的规律和特点，蕴含价值体现、工科精神和科学态度。教材编写注重内容的科学性，使学生掌握科学知识、体会科学精神；内容融入思政元素，彰显"立德树人"的目标。

体系新颖性。该教材结构体系打破常规，采用在案例中融入 AutoCAD 快捷键命令的方式，根据软件学习的特点进行知识点拆解，分为基础、进阶、提高和综合应用四个阶段，每个阶段分为三个模块，每一个模块分解讲述几个绘制命令和编辑命令等，通过透彻的剖析和充分的练习，结合章前的知识图谱，能够让学生体会理论和实践的结合，真正达到学以致用的效果。

教学适用性。教材重点突出，版式灵活多样，把学生学习过程中遇到的典型问题采用对话形式编写，巧妙、生动地将软件学习中的重点、难点、技巧等呈现给读者；融入了编者团队多年教学实践经验；教材既适合教师"教"、更适合学生"学"。

学习趣味性。教材选取了一些有趣、有用的案例，如基础部分有花瓣、月亮、太极图案、五角星等，进阶部分有十字路口平面图、教室平面图、楼梯间平面图等，既严谨却又不乏趣味性，可激发学生的学习兴趣。

该教材适应教育数字化发展趋势，从学生角度出发，按照课程教学"创新性、高阶性、挑战度"的要求进行教材设计，结构体系新颖、内容科学实用、启迪设计思维、注重制图实践；相信本教材将适合相关工科院校师生教学使用。

教育部高等学校土木工程专业教学指导分委员会委员

中国矿业大学（北京）

2023 年 7 月

前言

党的二十大报告提出：建设现代化产业体系。坚持把发展经济的着力点放在实体经济上，推进新型工业化，加快建设制造强国、质量强国、航天强国、交通强国、网络强国、数字中国。建筑业作为国民经济的重要支柱产业之一，促进建筑企业数字化转型是大势所趋和必然选择。通过推动计算机辅助设计，建筑业可以实现信息共享、协同工作和优化决策，提高项目建设的质量、效率和可持续性。

计算机辅助设计（Computer Aided Design）简称为CAD，是指利用计算机进行图形设计的软件统称。计算机辅助设计课程是建筑类、土木类、水利类、机械类、园林景观、室内设计等专业的必修专业基础课。Autodesk公司开发的AutoCAD软件是设计师应用最多的CAD软件之一，可以实现清楚、准确地表达设计意图，本书以AutoCAD软件为介绍对象。笔者从教计算机辅助设计课程二十多年，主持的计算机辅助设计课程于2019年获得第一批教育部国家一流本科课程。主编团队按照教育部一流课程的建设要求，以学生为中心，按照"两性一度"的标准进行课程设计和教材的编写。

📍 教材内容

本书从AutoCAD入门基础讲起，分四大部分，基础图案、进阶图案、提高与技巧及实用综合案例，帮助读者快速掌握工程图纸绘制能力。本书尽力突破传统的编写方式，通过案例解构教学内容，帮助读者轻松掌握AutoCAD工程应用的技能。完成本书学习，读者可以迅速从AutoCAD的"菜鸟"进阶为"学霸"。

📍 教材特色

◎简单易学，快速上手

以学生为中心，充分考虑初学者的学习特点和学习规律，解构绘图思路，详解操作步骤，最后设计实际工程案例，帮助读者掌握快速作图的技巧和能力。

◎图文并茂，步骤清晰

创新编写模式，根据软件学习的特点，采用图文和视频讲解，每一个案例均有详细的讲解步骤，图中还配有清晰的操作注释，辅以视频讲解，方便读者学习。

◎痛点解析，指点迷津

笔者在教学活动中，发现学生普遍提出的疑难问题，以"对话"这种学生喜爱的表达方式，提供解决方案，目的是让读者解决学习过程中的"痛点"，提升学习效率，提高解决问题的能力，"跳一跳才能够得着"。

◎放大招，高效实用

读者应当获得解决复杂问题的能力，"放大招"通过整合实用技能和技巧，帮助读者积累实际应用中的"妙招"，拓宽绘图思路，解决复杂问题。

📍 课程资源

为了方便读者学习，教材配备了丰富的课程资源。

◎教学视频：900 余分钟的高清教学视频，读者可跟随教师的思路，同步学习。

◎GIF 动画：数十个 GIF 动画，详细分解作图步骤，轻松掌握作图技能。

◎教学课件：11 个 PPT，按章对应完整教学环节。

◎自学案例：本书有拓展作业，读者可在每章学习后自学练习。8 个实际工程案例，配有步骤分析与思路讲解。

◎教师资源：请至 www.cipedu.com.cn 获取。

📍 编者团队

本书由山东农业大学赵武、周波任主编，山东农业大学刘海艳、枣庄学院贾广印、山西农业大学张燕、新疆农业大学林丽任副主编，青岛工学院王琨、内江职业技术学院付洋、山东农业大学霍拥军、徐宗美、钱淑香参编。在本书的创作和编写过程中，作者团队得到了很多专家和同行的支持，同时山东农业大学卢静、徐淑敏等同学对稿件的校对和实例制作做出了重要贡献，在此一并表示感谢。

由于时间紧迫，加之作者水平有限，书中难免出现疏漏之处，敬请读者批评指正，可以发送邮件至 16138578@qq.com 反馈。

赵　武

2023 年 5 月

目录

015 | 第 2 章　基础图案绘制（一）

031 | 第 3 章　基础图案绘制（二）

047　第4章　基础图案绘制（三）

103 | 第7章　进阶图案绘制（三）

124　第 8 章　提高与技巧（一）

184 | 第 11 章　布局与打印

绪论

0.1 计算机辅助设计概述

0.1.1 计算机辅助设计的概念

计算机辅助设计（Computer Aided Design，CAD）是指利用计算机及其图形设备帮助设计人员进行设计工作，通常以具有图形功能的交互计算机系统为基础。在计算机辅助设计中，交互技术是必不可少的，交互式 CAD 系统是指用户在使用计算机系统进行设计时，人和机器可以及时地交换信息。CAD 应用软件提供几何造型、特征计算、绘图等功能，以完成面向机械、广告、建筑、电气各专业领域的各种专门设计。

0.1.2 计算机辅助设计的发展历史

1861 年，法国化学家路易斯伯特意外打翻药水，这个机缘巧合，诞生了绘图界的"蓝图"。"蓝图"使工程图纸能够准确地复制，而不必担心抄图出现错误。

1936 年，英国密码破译者艾伦·图灵发明了图灵机，它成为现代计算机的基础。从 20 世纪 40 年代末到 50 年代初，大型机计算被引入并投入商业。

1961 年，著名的计算机科学家帕特里克·汉德瑞博士加入通用汽车研究实验室，并帮助开发 DAC（Design Automated by Computer）计算机设计自动化。道格拉斯·T.罗斯这位计算机科学家先驱和计算机加工之父，创造了 CAD（Computer Aided Design 计算机辅助设计）一词。

1971 年，英特尔正忙着向世界介绍微处理器。而帕特里克推出了 CAD 软件，称为自动绘图机械（Automated Drafting And Machinery）或 ADAM。

1982 年，约翰·沃克创立了 Autodesk，并于同年推出了第一个计算机辅助设计程序 AutoCAD，改变世界的 AutoCAD 正式诞生。

接下来，基于 CAD 的软件取得了巨大的进步，3Dmodeling 的引入为创新的设计解决方案打开了大门，比如 BIM 和数字化样机。随后，Autodesk 推出了一系列改变游戏规则的功能，进一步将 AutoCAD 作为行业中不可或缺的工具嵌入到设计行业中。

0.1.3 计算机辅助设计的应用

CAD 技术作为杰出的工程技术成就，已广泛地应用于机械、电子、航天、化工、建筑等工程设计的各个领域。CAD 软件在快速发展，除了机械设计软件 UG、CATIA、PTC，各行各业的 CAD 软件都在不断更新。我们能耳熟能详的有 Autodesk 公司的 CG 行业软件 Maya、3Dmax，其他公司的还有犀牛、Blender 等。

CAD 系统的发展和应用使传统的产品设计方法与生产模式发生了深刻的变化，产生了巨大的社会经济效益。目前 CAD 技术研究热点有计算机辅助概念设计、计算机支持的协同设计、海量信息存储、管理及检索、设计法研究及其相关问题、支持创新设计等。可以预见未来的 CAD 技术将有新的飞跃，同时还会引起一场设计变革。随着人工智能、多媒体、虚拟现实、信息等技术的进一步发展，CAD 技术必然朝着集成化、智能化、协同化的方向发展。

0.2　AutoCAD 简介

0.2.1　AutoCAD 的发展

AutoCAD 是 Autodesk 公司于 1982 年开发的自动计算机辅助设计软件，用于二维绘图、设计文档和三维设计，现已经成为国际上广为流行的绘图工具。AutoCAD 具有良好的用户界面，通过互动菜单或命令行方式可以进行各种操作。它的多文档设计环境，让非计算机专业人员也能很快地学会使用。在不断实践的过程中，用户可更好地掌握它的各种套用和开发技巧，从而不断提高工作效率。AutoCAD 具有广泛的适应性，它可以在各种作业系统支持的微型计算机和工作站上运行。可以应用于土木建筑、装饰装潢、工业制图、工程制图、电子工业、服装加工等多方面领域。

国内 CAD 软件也欣欣向荣，中望 CAD、浩辰 CAD、CAXA3D、开发 FDM 等已经迎头赶上。从国内 CAD 发展现状来看，2D 的 CAD 在诸多细分领域已经基本可实现国产替代进口，在 3D 的 CAD 领域，部分国内厂商也在不断更新迭代、打磨产品，未来预计也将逐步替代国外厂商。

通过在应用领域方面的对比，国产中望 CAD 主要面向机械和建筑行业，未来中望有望抢占 Autodesk 市场，这是非常令我们自豪和振奋的。

0.2.2　AutoCAD 的特点

AutoCAD 软件具有如下特点：
① 具有完善的图形绘制功能。
② 有强大的图形编辑功能。
③ 可以采用多种方式进行二次开发或用户定制。
④ 可以进行多种图形格式的转换，具有较强的数据交换能力。
⑤ 支持多种硬件设备。
⑥ 支持多种操作平台。
⑦ 具有通用性、易用性，适用于各类用户。此外，从 AutoCAD2000 开始，该系统又增

添了许多强大的功能，如 AutoCAD 设计中心 (ADC)、多文档设计环境 (MDE)、Internet 驱动、新的对象捕捉功能、增强的标注功能以及局部打开和局部加载的功能，从而使 AutoCAD 系统更加完善。

0.3　计算机辅助设计课程

0.3.1　课程定位

通过学习本课程，全面系统掌握 AutoCAD 软件绘图的基本命令、基本理论和基本技能。为解决工程实践中的设计图纸表达问题，给施工图的快速绘制提供技术支撑，为后续的专业课程设计奠定重要的学科基础。

0.3.2　课程宗旨

解析 AutoCAD 精确绘图的技巧、把握现代工程设计技术的脉搏、践行国家工程制图的标准规范。

0.3.3　教学目标

知识目标：掌握 AutoCAD 软件的基本命令、基本理论和基本绘图技能，熟练运用 AutoCAD 软件绘制标准规范的图纸。

能力目标：提高学生的自主学习能力，使学生具有独立思考和解决实际工程问题的能力。培养学生动手操作技能，使学生具有实验研究的基本素养。

情感目标：通过计算机辅助设计的学习，激发学生学习应用软件的热情，关注信息技术在工程设计中的应用。

0.3.4　教学理念

以学生为中心、以成果为导向、以实践为目标。激发学生的主动性、趣味性，增强获得感。

0.3.5　课程改革

经过近二十年的教学实践改革，改变传统的单一命令讲解的方式，打破传统 AutoCAD 的章节顺序，不以绘图、编辑等命令组方式讲解，变成由浅入深的案例教学为主，每次课程的案例仅围绕几个绘制命令、编辑命令和辅助命令，通过多案例反复加强命令的使用，激发学生课下自主绘制各种"新、奇、特"的图案，增强学生的积极性，让学生真正达到学"绘"的目的。

第1章
AutoCAD 快速入门

 知识图谱

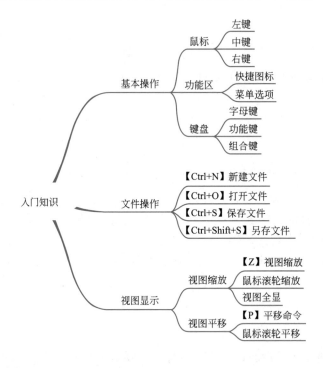

 课程引领

　　本章将学习：AutoCAD 的用户界面、AutoCAD 的基本操作、文件操作、视图显示。学完本章内容，你将掌握 AutoCAD 软件的入门常识和基本操作，实现零基础入门学习。

　　本课程的培养目标是利用 AutoCAD 实现快速作图，从入门开始，我们就要树立一个观念，建立一个信心，为实现快速作图而努力。大家知道，2020 年疫情之下的火神山医院建设神速：1 月 23 日下午，中信建筑设计研究总院接到武汉火神山医院的紧急设计任务，在接到任务 5 小时内完成了场地平整设计图，为连夜开工争取到了时间；24 小时内完成了方案设计图；经 60 小时连续奋战，至 1 月 26 日凌晨交付全部施工图。这就是中国速度，也是我们设计师应该有的快速作图能力。

1.1　AutoCAD 的用户界面

启动 AutoCAD 程序，用户界面如图 1-1 所示。

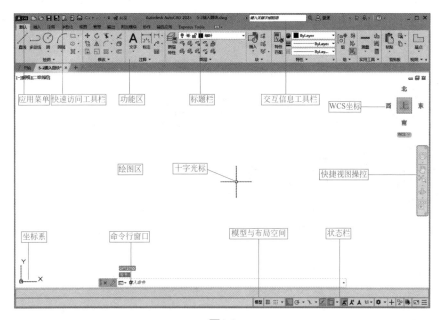

图1-1

1.1.1　十字光标设置

菜鸟：我的绘图区十字光标┼为何这么小？

学霸：默认情况下，是这么小，如果需要调整，执行命令【OP】（OPTION 选项），打开"选项"对话框。单击"显示"选项卡，更改"十字光标大小"的数值，由 5 变为 100，这样就变大了，方便绘图控制和参照，如图 1-2 所示。

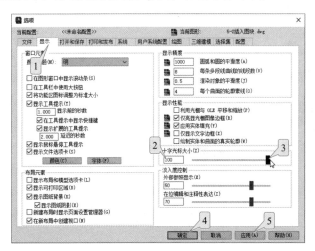

① 单击"显示"选项卡。

② 调整十字光标大小下的数字 5 为 100。

③ 或者拖动滑块到最右侧。

④ 单击确定完成调整。

⑤ 单击应用按钮以查看效果，可继续调整其他。

图1-2

1.1.2 调整背景颜色

菜鸟： 我不喜欢绘图区的深颜色，能不能换一个白色？

学霸： 执行【OP】选项命令，在"显示"选项卡中，单击"颜色"按钮，弹出的面板中单击颜色处的下拉箭头，选中白色，单击应用并关闭，返回选项中确定，如图 1-3 所示。

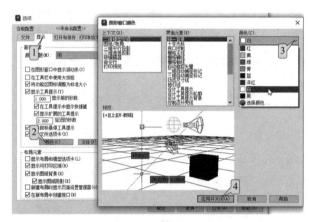

① 单击"显示"选项卡。

② 单击颜色按钮。

③ 单击颜色处的下拉箭头，选中白。

④ 单击应用并关闭返回"选项"面板。

图1-3

1.1.3 拾取框大小

菜鸟： 我总是感觉绘图区的拾取框太小了，选择对象不方便，怎么办？

学霸： 仍然是执行【OP】（OPTION 选项）命令，点击"选择集"选项卡，在弹出的面板中鼠标左键拖动"拾取框大小"处的滑块，向右变大，向左变小。但是要注意的是，过犹不及，不能过大，要适中才能给绘图提供方便，如图 1-4 所示。

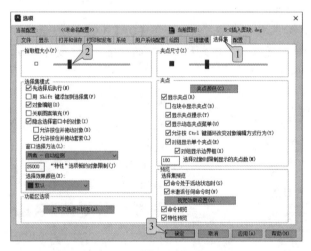

① 单击"选择集"选项卡。

② 鼠标左键拖动拾取框大小滑块。

③ 单击确定完成。

图1-4

1.1.4 命令行窗口

命令行窗口是用户与系统进行对话的窗口，通过命令行窗口输入快捷键执行命令，这与菜单栏和功能区图标作用相同。如果要实现快速作图，那我们应该使用 AutoCAD 提供的快捷命令，如图 1-5 所示，绘制线的命令为【LINE】，只需要输入快捷命令【L】，再按【ENTER】或【SPACE】键即可执行画线命令。因此在学习和绘图过程中，强烈建议运用此方法来执行命令。

图1-5

菜鸟：在命令行窗口输入命令是不是我要像 word 软件一样，指定鼠标到提示行？

学霸：这个一定要记住，千万不要有这样的理解，之所以 AutoCAD 快捷键输入命令提高作图速度，就是执行方便，不管我们的鼠标在绘图区的什么位置，只要是命令行窗口等待我们的指令，就直接通过键盘输入即可，不用移动鼠标的光标到命令行窗口。

菜鸟：找不到我的命令行窗口了。

学霸：不要担心，按【CTRL+9】就可以找回来了。

1.1.5　应用菜单

应用菜单在软件的左上角，以一个带有箭头的图标 来代替。实际上应用菜单属于下拉菜单，应用菜单里有常用的文件工具和默认最近使用的文档，如图 1-6 所示。

1.1.6　状态栏

状态栏显示光标位置、绘图工具以及影响绘图环境的工具。状态栏提供对某些最常用的绘图工具的快速访问。用户可以切换设置（例如，夹点、捕捉、极轴追踪和对象捕捉），

图1-6

也可以通过单击某些工具的下拉箭头，来访问它们的其他设置，如图 1-7 所示。

图1-7

菜鸟：我的状态栏工具图标怎么没有别人多？

学霸：默认情况下，不会显示所有工具，可以通过状态栏上最右侧的图标，选择要从"自定义"菜单显示的工具，如图 1-8 所示。状态栏上显示的工具可能会发生变化，这也可能

是取决于当前的工作空间以及当前显示的是"模型"选项卡还是布局选项卡。

图1-8

① 单击自定义图标。

② 在弹出的选项中，鼠标左键单击选择或者取消对应的状态栏工具图标。

1.2　AutoCAD 的基本操作

AutoCAD 绘图主要通过鼠标操作来完成，鼠标的左右键和中间滚轮是应用最多的，而命令行窗口的输入则是最重要的快捷操作，当然还有 Ribbon 功能区操作、菜单操作等，现分别介绍如下。

1.2.1　鼠标操作

（1）鼠标左键

在 AutoCAD 软件中，鼠标左键通常用于定位、创建选区、设置选项等。左键的使用频率最高。

（2）中间滚轮

鼠标中间滚轮有三个主要作用：一是在绘图区，中间滚轮的滚动以该点为中心放大或缩小，实现实时缩放。二是按住鼠标中间滚轮，则变为平移工具，可以实现视图上下左右平移实时观察。三是双击中间滚轮，相当于执行【Z】视图缩放命令中的【E】，视图范围完全显示。

（3）鼠标右键

在用户界面上的不同位置处单击鼠标右键可以获得不同的选项。在绘图区域单击鼠标右键可以得到最后使用过的命令、常用的命令、撤销操作、视窗平移等；在命令窗口单击鼠标右键可以得到最近使用过的命令及选项等；在状态栏空白处单击鼠标右键可以得到相应的设置选项。

1.2.2　功能区操作

AutoCAD 自 2009 版采用 Ribbon 功能区，由多个选项卡组成，每个选项卡由多个面板组成，而每个面板则包含多款工具。其几乎包含了所有可执行的命令，用户可以通过鼠标左键单击来执行命令。

功能区操作可以实现菜单栏操作的所有内容，因而 AutoCAD 默认状态的界面隐藏了早期版本的经典下拉菜单。

1.2.3　快捷键操作

（1）字母类快捷键

键盘输入的字母类快捷键命令是最常用也是最快捷的方式。当命令行为空时，就表明 AutoCAD 可以接收命令并执行。这时输入简写命令，按鼠标右键、空格键或回车键确定，即可执行命令。

💡 提示：

键盘输入命令时，通常可以依靠左手来输入，因为大多数都是一两个字母的快捷键，右手控制鼠标尽可能在绘图区内。只有这样，绘图速度才能有效提高。

（2）功能键

功能键是 Windows 系统提供的，键盘左上角的【ESC】键和【F1】～【F12】键统称为功能键。【ESC】键用于强行中止或退出，如果需要取消输入的命令或正在执行的命令则按【ESC】键。【F1】～【F12】键分别被定义了不同的功能，详见表 1-1。

（3）组合键

组合键通常利用 Windows 的【CTRL】、【ALT】或者【SHIFT】加字母或者数字执行，能够为用户提供方便快捷的操作。常用的快捷键如表 1-1 所示。

表 1-1　常用快捷键及其功能

功能快捷键	功能	组合快捷键	功能
【F1】	帮助	【CTRL+N】	新建文件
【F2】	打开文本窗口	【CTRL+O】	打开文件
【F3】	对象捕捉开关	【CTRL+S】	文件存盘
【F4】	三维对象开关	【CTRL+P】	文件打印
【F5】	等轴侧平面转换	【CTRL+Z】	取消操作
【F6】	动态 UCS 开关	【CTRL+Y】	重做取消操作
【F7】	栅格开关	【CTRL+C】	复制
【F8】	正交开关	【CTRL+V】	粘贴
【F9】	捕捉开关	【CTRL+1】	对象特性管理器
【F10】	极轴开关	【CTRL+2】	AutoCAD 设计中心
【F11】	对象追踪开关	【CTRL+3】	工具选项面板
【F12】	动态输入开关	【CTRL+9】	命令行窗口开关

💡 提示：

快捷键操作是 AutoCAD 达到快速准确作图的最有效途径，本书的讲解和学习以快捷键命令为主，所以各类快捷键的操作都需要读者掌握。

1.3　文件操作

AutoCAD 对于文件的管理有新建、打开、存盘、另存等。在一个窗口中可以同时打开多个图形文件。

1.3.1　新建文件

按【CTRL+N】键，新建文件，弹出"选择样板"对话框，通常在最初学习阶段按照默认的"acad.dwt"文件，直接单击"打开"，完成新建文件进入图形绘制与编辑界面。

1.3.2　打开文件

按【CTRL+O】键，打开文件，弹出"选择文件"对话框。找到文件所在位置，选择文件，然后单击"打开"，即可进入绘图区域进行图形的绘制和编辑。

这里需要说明的是，在"选择文件"对话框中，可以通过按【CTRL】键选择多个文件，也可以通过按【SHIFT】键连续选择多个文件，AutoCAD 支持同时打开多个文件。

1.3.3　保存文件

对新建文件进行初始保存时，按【CTRL+S】键，打开"图形另存为"对话框，如图 1-9 所示，输入需要存盘的文件名称，通常按照"工程名称 + 时间"命名，然后选择文件存盘位置，单击保存，完成存盘操作。

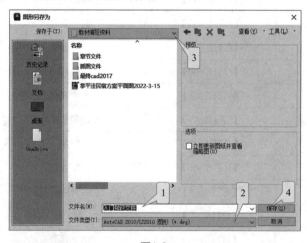

① 进入对话框，直接输入文件名。
② 可以选择文件类型，通常选择低一些的版本。
③ 选择保存的位置。
④ 点击保存。

图1-9

文件存盘完毕后，再次按【CTRL+S】键命令时就不会再出现对话窗口，而是快速保存命令，此时是对原有文件覆盖保存。AutoCAD 为了保护用户的设计，通常在进行保存的同时会将上一次的文件自动转换为".bak"备份文件。

💡 提示:

① 文件新建完成后，务必要首先保存文件，避免系统崩溃、意外断电或者其他意外情况

造成文件丢失。

②保存文件名输入技巧：默认初始为蓝色复选的"drawing1.dwg"，此时务必记住的是，不要用鼠标点击、删除等操作，只需要在键盘输入你想存储的文件名即可。如果需要更改保存位置则务必在改完文件名以后再点击选择保存位置。

1.3.4　另存文件

如果在设计过程中，绘图的原有文件名不符合要求或者想换个文件名，则可以按【CTRL+SHIFT+S】键，打开"图形另存为"对话框，输入文件名，选择文件存盘位置，完成存盘。

💡 提示：

键盘另存文件也可以输入【SA】执行 SAVE 命令，打开"图形另存为"对话框。

1.4　视图显示

在 AutoCAD 绘图时，由于显示器尺寸及分辨率的限制，往往无法看清楚图形的细节，难于精确定位图形。在 AutoCAD 中提供了改变视图显示的方式。可以通过放大视图的方式来更仔细地观察图形的细节，也可以通过缩小视图的显示来浏览整个图形，还可以通过视图平移的方式来重新定位视图在绘图区域中的位置等。

1.4.1　视图缩放

（1）鼠标缩放

根据前面的鼠标操作内容，我们已经了解到，鼠标的中间滚轮可以实现实时缩放，十字光标的中心就是缩放的中心。双击鼠标中间滚轮可以实现视图范围显示。

（2）视图缩放

利用视图缩放功能，可以改变图形在视图区域中显示的大小，更方便观察当前视图中过大或者过小的图形对象，或准确绘制对象、捕捉目标等操作。这就如同一张图纸，距离人近时，可以看清其细节部位，而要看其全貌，那就要将图形远离人，这样就可以看得更加清楚。

快捷键操作：输入【Z】，确定，执行视图缩放命令，命令行窗口提示：

指定窗口的角点，输入比例因子（nX 或 nXP），或者［全部（A）/ 中心（C）/ 动态（D）/ 范围（E）/ 上一个（P）/ 比例（S）/ 窗口（W）/ 对象（O）]＜实时＞：

常用设置有：

① 比例因子

直接输入倍数，小于 1 的数是缩小显示，大于 1 的数放大显示。

② All 全部

输入"A"选项，将依照图形界限或图形范围的尺寸，在绘图区域内显示图形。图形界限与图形范围哪个尺寸大，由哪个决定图形显示尺寸，即图形文件中若有图形实体处在图形界限以外的位置，便由图形范围决定显示尺寸，将所有图形内容都显示出来。

③ EXTENTS 范围

输入"E"选项，该选项将所有图形全部显示在屏幕上，并最大限度地充满整个屏幕。这种方式会使图形重新绘制，如果图形复杂，生成的速度较慢。

④ OBJECT 对象

输入"O"（OBJECT）选项，选择对象缩放。

1.4.2　视图平移

（1）鼠标平移

利用鼠标的中间滚轮，按住并拖移鼠标，视图就可以实现实时平移。

（2）平移命令

输入【P】，确定，执行平移命令，十字光标变为🖐即可执行视图平移命令。鼠标上下左右移动即可。视图平移要比视图缩放显示速度快，使用也较为便捷。

痛点解析

痛点 1　自动保存低版本文件

菜鸟： 保存文件的时候总是记不住修改文件类型，存了高版本别人打不开，有没有好办法？

学霸： 输入【OP】，确定，打开"选项"对话框，在"打开和保存"选项卡中，选择文件保存的类型，通常用 2010 版本就可以满足大多数人的需求了，如图 1-10 所示。

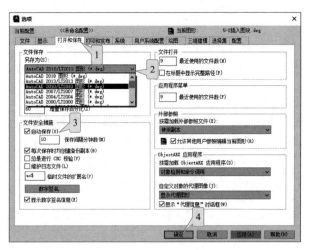

① 单击"打开和保存"选项卡。
② 单击另存为的下拉箭头，选择低版本类型。
③ 勾选自动保存并设置自动保存的时间。
④ 确定完成。

图1-10

痛点 2　如何使用备份文件

菜鸟： AutoCAD 在保存文件时会自动创建副本文件，可是我怎么才能打开呢？

学霸： 当你有过保存，就会自动保存备份文件，也就是后缀名为".bak"的文件，我们可以把扩展名改为".dwg"，AutoCAD 就可以打开了，如图 1-11 所示。

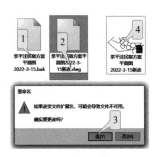

① 找到 ".bak" 文件。

② 修改文件名和并把后缀改为 ".dwg"，注意不要与原有文件重名。

③ 重命名提示，单击 "是"。

④ 改名完成后的显示。

图1-11

 放大招

大招 1 设置右键为确定

实际上在快速绘图过程中，我们经常使用鼠标右键用于确定。比如我们执行绘制线的命令输入快捷命令【L】，然后鼠标右键单击，即可执行绘制命令。

菜鸟：我看到很多高手绘图时直接用鼠标右键重复命令和确定结束命令，我的怎么不是呢？

学霸：这个是根据用户习惯去设置的，事实上早期版本的 CAD 右键功能就这么直接，方便快速绘图。要修改鼠标右键设置，需要执行【OP】选项，在 "用户系统配置" 选项中，单击 "自定义右键单击"，然后根据需要修改设置，如图 1-12 所示。如果将 "默认模式" "编辑模式" "命令模式" 都改为确定，则鼠标右键就可以直接重复命令和确定命令了，可以分开试一试。

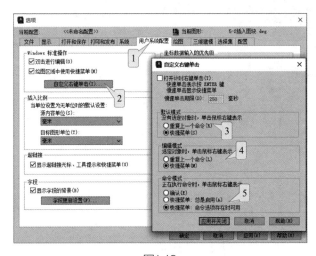

① 单击 "用户系统配置" 选项卡。

② 单击 "自定义右键单击" 按钮。

③ 设置默认模式右键。

④ 设置编辑模式右键。

⑤ 设置命令模式右键。

图1-12

大招 2 临时文件改为可打开的 DWG 文件

菜鸟：我花了一上午时间，忘记存盘了，怎么办？听说可以找出临时文件找回，不能让我的努力白费呀？

学霸：其实这个问题可以用上面的方法解决，只不过没有做过保存，那就不会有备份文件，只可能有临时文件，AutoCAD 的临时文件名往往为 ".sv$" 或者 ".ac$"。那这个文件在哪里呢？通常在临时文件夹中。最直接的方法就是通过【OP】选项命令，找到"文件"选项卡中的"自动保存文件位置"，然后到这个位置搜索".sv$"文件，根据时间找到自己需要的文件，并将该文件复制到别的位置，修改后缀名为".dwg"，如图 1-13 所示。

注意在 Win10 系统默认中，文件夹选项可能看不到"sv$"这个后缀名，需要通过查看选项，找到显示"文件扩展名"，这样才可以操作。

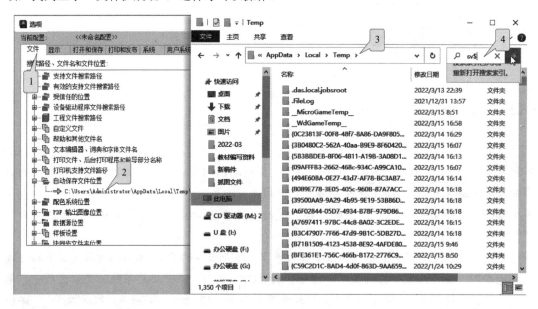

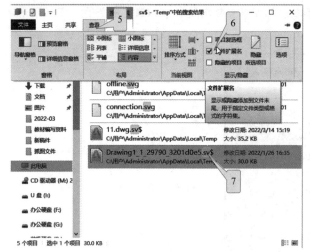

① 选项中单击"文件"选项卡。
② 找到并复制自动保存文件的位置。
③ 打开我的电脑，粘贴到此处。
④ 输入".sv$"搜索。
⑤ 单击查看。
⑥ 勾选"文件扩展名"。
⑦ 修改"sv$"为"dwg"。

图1-13

大招 3　取消保存 BAK 备份文件

如果我们不希望每次存盘产生".bak"备份文件，可以通过【OP】选项，在"打开和保存"选项卡中，取消"每次保存均创建备份副本"，那么以后再存盘时就不会出现"BAK"文件了。

更方便的操作是输入【ISAVEBAK】，确定，执行系统变量修改命令，将系统变量修改为 0，取消自动保存备份文件，而系统变量为 1 时，每次保存都会创建备份文件。

第 2 章
基础图案绘制（一）

 知识图谱

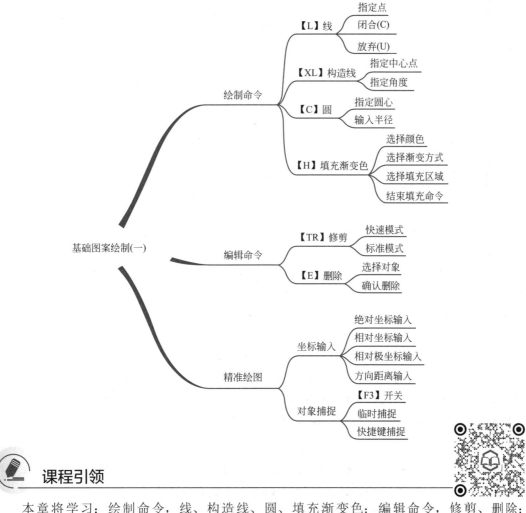

 课程引领

　　本章将学习：绘制命令，线、构造线、圆、填充渐变色；编辑命令，修剪、删除；AutoCAD 精确绘制图形的两种方式，一是坐标输入，二是对象捕捉。学习完本章内容，你将掌握精准绘图的基本方法，通过常用坐标输入方式中的绝对坐标、相对坐标、相对极坐标和方向距离输入方式的巧妙应用，轻松完成案例绘制。

工匠精神追求精益求精，在 AutoCAD 的学习中，要求设计人员绘图要精准，容不得半点差错。本章从精准作图的角度帮助读者理解工匠精神：是力求在设计上独树一帜、追求在品质上精益求精、坚持在技艺上精雕细琢的品格。

2.1 绘制矩形图案

📚【学习目标】

通过绘制如图 2-1 所示的四个矩形，学习坐标输入方式，通过【L】命令，绘制四个 300mm×500mm 的矩形，学习四种常用的坐标输入方式：绝对坐标输入方式，相对坐标输入方式，相对极坐标输入方式，方向距离输入方式。

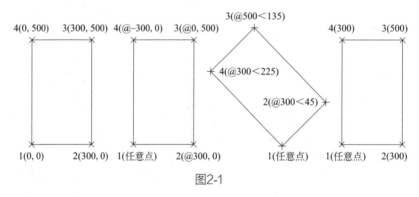

图2-1

💡 提示：

1. 本书约定：绘图使用的单位为 mm。如绘制 3m（宽）×5m（高）的矩形，对应的尺寸输入为 3000×5000。

2. 学习坐标输入方式，本书默认是按【F12】键关闭动态输入。

2.1.1 绝对坐标输入

绝对坐标的表达方法为 (x, y)，其中 x、y 表示坐标值。

输入【L】，按【SPACE】键、【ENTER】键或鼠标右键确定，执行直线命令。逆时针方向依次输入矩形的四个点的坐标：$(0, 0)$、$(300, 0)$、$(300, 500)$、$(0, 500)$，最后输入"C"（CLOSE），表示闭合图形，完成图形，如图 2-2 所示。

💡 提示：

输入快捷命令后，需要按【SPACE】键、【ENTER】键或鼠标右键确定执行命令。本书中凡提到"确定"即指按【SPACE】键、【ENTER】键或鼠标右键确定。

菜鸟：当结束命令的时候，绘出的矩形并没有被看到或者没有全部显示，这是什么原因呢？

学霸：因为在默认状态下绘图，使用 mm 单位，输入数值较大而图形的可视范围小，所

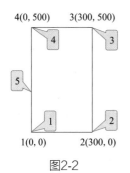
图2-2

① 输入（0，0），确定。

② 输入（300，0），确定。

③ 输入（300，500），确定。

④ 输入（0，500），确定。

⑤ 输入 C，确定。

以不能看到全部，此时需要执行视图显示命令。方法有多种，可以通过【Z】视图缩放命令，可以通过鼠标中间滚轮，最快捷的方式就是双击鼠标中间滚轮。

菜鸟：看到我画的图了，怎么成了平行四边形了，我输入了绝对坐标，为何与实际的点不符呢，画出来不是矩形？

学霸：由于绝对坐标输入方式运用较少，所以从 AutoCAD 2006 开始，引入动态输入方式，在动态输入打开的状态下，默认的坐标输入方法为相对坐标，所以这里为了学习坐标的输入方法，需要先按功能键【F12】，关闭动态输入。

如果是在动态输入打开的情况下，绝对坐标的输入方式就是（#x，y），如坐标原点为（#0，0）。

💡 提示：

绘制图形时，左右手务必明确分工，左手操作键盘，右手操作鼠标，初学者务必不要用右手操作键盘。

2.1.2　相对坐标输入

相对坐标的表达方法为（@x，y），其中 x、y 表示相对距离。

输入【L】，确定，执行直线命令。逆时针方向依次输入矩形的四个点的坐标：任意点、（@300，0）、（@0，500）、（@-300，0），最后输入"C"（CLOSE），完成图形，如图 2-3 所示。

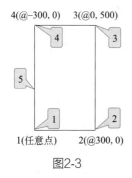
图2-3

① 鼠标左键指定任意点。

② 输入（@300，0），确定。

③ 输入（@0，500），确定。

④ 输入（@-300，0），确定。

⑤ 输入 C，确定。

菜鸟：如果说到快的话，是不是在输入相对坐标时按下【F12】，改为动态输入打开呢？

学霸：真是前途无量呀，这个小窍门被你发现了，这样可以少输入 3 个 @ 键，在我们初

学阶段，千万不要小看这一点点的改进，只有努力寻找更多的快捷绘图方式，才能够让自己不断超越。

2.1.3　相对极坐标输入

相对极坐标的表达方法为（@$d < \alpha$），其中 d 代表距离长度，α 代表角度。

重复执行直线命令，不用输入【L】，直接按【SPACE】键、【ENTER】键或鼠标右键即可。逆时针方向依次输入矩形的四个点的坐标：任意点、（@300＜45）、（@500＜135）、（@300＜225），最后输入"C"（CLOSE），完成图形，如图 2-4 所示。

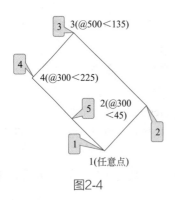

① 鼠标左键指定任意点。
② 输入（@300 < 45），确定。
③ 输入（@500 < 135），确定。
④ 输入（@300 < 225），确定。
⑤ 输入 C，确定。

图2-4

菜鸟： 在 AutoCAD 中角度是怎么算的呢？
学霸： 在 AutoCAD 中，角度是按照逆时针为正，顺时针为负，从坐标原点出发，与 X 轴的正方向夹角范围为 0°～360°。

2.1.4　方向距离输入

方向距离的表达方法为移动鼠标指定十字光标方向，键盘输入相对距离值。那么要绘制一个水平和垂直的长方形，十字光标的方向要确保水平和垂直，这里就需要用到辅助工具——正交模式，按【F8】键打开正交模式。

按【SPACE】键重复执行直线命令。指定矩形的第 1 点（任意点）；第 2 点向右移动光标，输入距离 300，确定；第 3 点向上移动光标，输入距离 500，确定；第 4 点向左移动光标，输入距离 300，确定；最后输入"C"（CLOSE），完成图形，如图 2-5 所示。

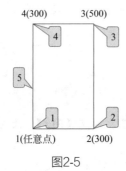

① 鼠标左键指定任意点。
② 向右移动鼠标，输入 300，确定。
③ 向上移动鼠标，输入 500，确定。
④ 向左移动鼠标，输入 300，确定。
⑤ 输入 C，确定。

图2-5

2.2　绘制树的平面图

【学习目标】

通过绘制如图2-6所示树的平面图，主要学习【C】（CIRCLE）圆命令、【XL】（XLINE）构造线命令，【TR】（TRIM）剪切命令、【H】（HATCH）渐变色填充命令和对象捕捉功能键【F3】。

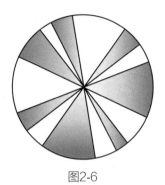

图2-6

【作图步骤】

步骤1　绘制圆

输入【C】，确定，执行圆命令。鼠标左键单击任意点指定圆心的位置（在默认情况下，绘制圆的方法是指定圆心和半径），输入半径值200，确定，完成圆，如图2-7所示。

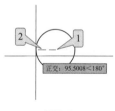

① 鼠标左键指定任意点为圆心。

② 输入半径200，确定。

图2-7

步骤2　绘制构造线

输入【XL】，确定，执行构造线命令。本图需要指定圆心作为构造线的中心，如果要准确找到圆心，需要按【F3】打开对象捕捉工具。

打开对象捕捉后，移动鼠标光标到圆心附近，就会有图2-8所示的提示，单击鼠标左键，找到圆心作为构造线的中心，然后再依次单击其他各点获得相应的构造线。

菜鸟： 怎么找到圆心后，点来点去绘制不出构造线呢？

学霸： 请注意，在利用对象捕捉找到中心点绘制构造线时，要绘制另外一个点，务必要关闭对象捕捉，否则有可能指定的点自动捕捉到圆心，造成两点重合而无法绘制出构造线。

菜鸟： 我关闭了对象捕捉，怎么只能绘制水平和垂直构造线？

学霸： 那是因为你忘记关闭正交模式了，按一下功能键【F8】就可以了。

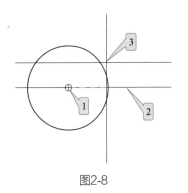

① 按【F3】打开对象捕捉工具，捕捉圆心为构造线的中心。

② 正交打开情况下只能绘制水平垂直线，所以需要按【F8】关闭正交。

③ 对象捕捉打开时，鼠标移动十字光标很容易捕捉到圆心，无法绘制出构造线，也需要按【F3】关闭对象捕捉。

图2-8

步骤 3　剪切多余线段

输入【TR】，确定，执行剪切命令。AutoCAD 2021 后剪切命令增加了模式选项：快速和标准，默认状态下为快速模式。在快速模式下，直接进入剪切对象操作，而不需要像之前版本中的标准模式，必须要选择剪切的边界并确定，如图 2-9。

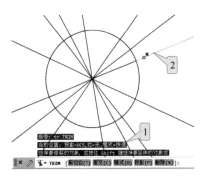

① AutoCAD 2021 后，默认状态"快速"模式。

② 直接在不需要的对象上左键单击即可完成。

图2-9

步骤 4　填充渐变色

给绘制好的图案填充相应的渐变色，使其更加美观。输入【H】，确定，执行填充命令。界面自动打开"图案填充创建"选项卡，可分三个步骤设置来执行渐变色的填充，如图 2-10。

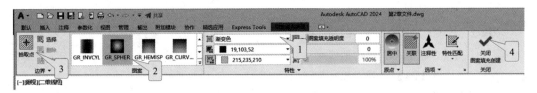

① 单击选择渐变色填充，然后设置对应渐变色的深色和浅色。

② 选择图案填充的渐变样式，系统内共有 9 种渐变样式可供选择。

③ 通过边界选择填充的区域，这里单击拾取点的方式，然后到图形中，依次点击需要填充的区域。

④ 单击√号，或者按【SPACE】确定，结束命令。

图2-10

2.3　绘制月亮图案

图2-11

📖 【学习目标】

绘制卡通月亮图案（图 2-11），主要学习【C】（CIRCLE）圆命令、【TR】（TRIM）剪切命令、【H】（HATCH）渐变色填充命令。

📚 【作图步骤】

步骤 1　绘制两个相同半径的圆

输入【C】，确定，执行圆命令。先绘制一个半径为 300 的圆，然后绘制另外一个相同半径的圆，如图 2-12 所示。

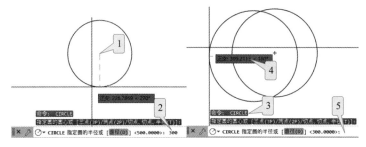

图2-12

① 鼠标左键指定任意点为圆心。

② 输入半径 300，确定。

③ 按鼠标右键或者【SPACE】键，重复绘制圆命令。

④ 在第一个圆心一侧，指定另一点为圆心。

⑤ 按鼠标右键或者【SPACE】键，重复圆半径值。

菜鸟：对重复执行命令我有点迷糊。

学霸：重复执行，这个是我们提高绘图速度的关键，初学往往记不准，这里有两个关键点，一个是执行完上一个命令后，重复执行命令，另一个是重复在上一个命令中设置的参数值。简而言之，在刚刚的操作中是按【C】确定，指定圆心，输入 300 确定，重复绘制圆，指定圆心，确定重复半径 300。这样是不是感觉绕？

熟能生巧，勤能补拙，这是我们学习 AutoCAD 绘图的最佳方法，也是我们学习计算机辅助设计类软件的关键之处，其实所有的绘图技巧都来源于熟练程度，"好记性不如烂笔头""熟读唐诗三百首，不会作诗也会吟"，讲的都是同一个道理。

步骤 2　剪切圆弧

输入【TR】，确定，执行剪切命令，选择需要剪切的圆弧。

步骤 3　绘制鼻子

输入【C】，确定，执行绘制圆命令，绘制鼻子位置的两个小圆。完成后执行【TR】剪切命令，剪切掉多余圆弧。

菜鸟：你看我的圆心怎么老是定位图 2-13 所示这里呢？

学霸：这是因为你的【F3】对象捕捉打开了，所以虽然十字光标定位的位置不在圆弧的端点，但是因为对象捕捉的作用，就自动定位在了圆弧的端点，那只要我们按【F3】关闭对象捕捉就可以了，如图 2-13 所示。

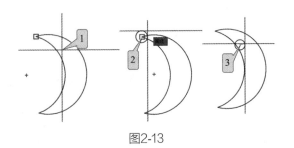

图2-13

① 需要定位这个点。

② 实际定位到这里了。

③ 按【F3】关闭对象捕捉后就可以在任意点定位了。

步骤 4　绘制嘴巴

输入【C】，确定，执行绘制圆命令，绘制嘴巴位置的两个小圆。完成后执行【TR】剪切命令，剪切掉多余圆弧。

步骤 5　绘制眼睛

输入【C】，确定，执行绘制圆命令，绘制眼睛位置小圆。

步骤 6　填充渐变色

输入【H】，确定，执行填充命令，步骤同 2.2 节，可以根据个人喜好填充颜色。

2.4　绘制五角星

【学习目标】

通过绘制如图 2-14 所示的五角星，参考手绘作图的思路，即首先绘制圆，然后利用圆规、辅助线来确定出五个等分点。在 AutoCAD 中练习使用辅助线等分圆，然后找到需要的点完成图案。本节主要学习【C】（CIRCLE）圆命令、【XL】（XLINE）构造线命令、【TR】（TRIM）剪切命令、【E】（ERASE）删除命令和【H】（HATCH）渐变色填充命令。

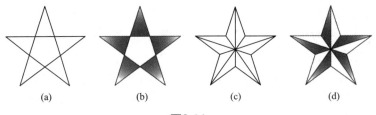

(a)　　　　　(b)　　　　　(c)　　　　　(d)

图2-14

【作图步骤】

步骤 1　绘制辅助线

首先绘制一个半径 300mm 的圆，然后按【F3】打开对象捕捉，执行【XL】构造线命令，捕捉圆心作为构造线的中心，按【F8】打开正交模式，向上移动光标，保证构造线处于垂直方向，在除圆心外的任意位置单击鼠标左键，可以绘制出 Y 轴方向的第一条线，即确定第一点 1。

接下来只需输入极坐标（@1 < 18），确定得到点 2，同样方法，点 3（@1 < 162），点 4（@1 < 234），点 5（@1 < 306），结束构造线绘制即可完成辅助线，如图 2-15 所示。

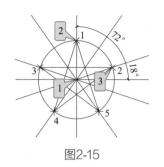

图2-15

① 捕捉圆心为构造线的形心。

② 正交打开定位 90° 方向上的点。

③ 输入 @1 < 18，确定，得到第 2 点。依次继续完成其他点。

菜鸟：为什么绘制构造线输入的相对极坐标距离值用 1，其他数量可以吗？

学霸：这是因为绘制构造线确定了形心，只要给定第二点的时候保证在准确的方向上即可，至于点的距离值大小没有关系。

菜鸟：这里需要连续输入相对极坐标，能不能打开动态输入？

学霸：你又有了进步，这里按【F12】打开动态输入，可以在输入极坐标时不用输入 @ 符号。

步骤 2　连线得到五角星

输入【L】，确定，执行绘制线命令，按【F3】打开对象捕捉，依次连接 142351 点，得到图中的五角星。

步骤 3　删除辅助线

输入【E】，确定，执行删除命令，如图 2-16 所示，选择需要删除的圆和构造线，确定，得到图 2-14（a）所示五角星。

图2-16

① 输入【E】，确定，执行删除命令。

② 左键单击选择圆。

③ 依次单击选择五条构造线。

确定，删除对象。

步骤 4　填充五角星

输入【H】，确定，填充渐变色，选择渐变颜色和效果，填充五角星的五个角，得到五角星图 2-14（b）。

步骤 5　立体五角星

如果在步骤 3 中只删除圆，然后输入【TR】，确定，执行剪切命令，把五角星外部和内部多余线段剪切掉，就可以得到五角星图 2-14（c）。

步骤 6　填充立体五角星

输入【H】，确定，填充渐变色命令，选择渐变颜色和效果，填充五角星的五个半角。得到五角星图 2-14（d）。

菜鸟：在剪切五角星外部和内部的多余线段时，点击那么多次才完成，有没有更好的办法？

学霸：这个快速的办法肯定是有的，不过呢，别着急，先按照这样的方式练习，后面会专门讲解。

2.5   绘制六等分圆图案

📖【学习目标】

通过绘制如图 2-17 所示的图案，学习利用相对极坐标方式巧妙绘制辅助线，获得六等分圆，从而绘制六边形相关的图案。学习【C】（CIRCLE）圆命令、【XL】（XLINE）构造线命令、【TR】（TRIM）剪切命令、【E】（ERASE）删除命令和【H】（HATCH）渐变色填充命令。

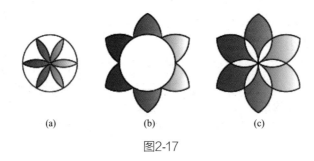

(a)   (b)   (c)

图2-17

📚【作图步骤】

步骤 1   绘制辅助线

首先绘制一个半径 300 的圆，然后按【F3】打开对象捕捉，执行【XL】构造线命令，捕捉圆心作为构造线的形心，按【F8】打开正交模式，向右移动光标，保证构造线处于水平方向，在除圆心外的任意位置单击鼠标左键，可以绘制出 X 轴方向的第一条构造线，然后输入（@1＜60）确定、输入（@1＜120）确定，完成 60° 和 120° 方向上的构造线，如图 2-18 所示。

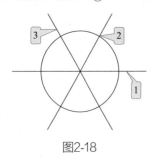

① 按【F8】打开正交模式，单击鼠标左键，绘制 0° 方向的构造线。

② 输入（@1＜60），确定，绘制 60° 方向构造线。

③ 输入（@1＜120），确定，绘制 120° 方向构造线。

图2-18

菜鸟：哎呀，我不小心输错了坐标，咋办？

学霸：不要着急，此时不能急于按【ESC】、【ENTER】键取消命令或者结束命令。在执行命令过程中，如果出现操作错误，可以直接输入"U"，确定，撤销一步操作。需要注意输入一次"U"，确定后只能回退一步。如果还要继续撤销，还要再次输入"U"。

步骤 2   绘制圆

捕捉圆与构造线的六个等分点，绘制半径 300 的六个圆。注意重复命令的使用，快速完成六个圆。

步骤 3   删除构造线

输入【E】，确定，执行删除命令，选择三条构造线，确定完成删除。

步骤 4 剪切图案

输入【TR】确定，执行剪切命令（图 2-19）。剪切中心圆以外的对象可以得到图 2-17（a）。

菜鸟：这里剪切对象，我觉得快速模式怎么也不快了。

学霸：这里的确是这样了，我们需要将剪切命令设置为标准模式，然后按照传统做法，先确定剪切的边界，然后再去剪切就方便了。

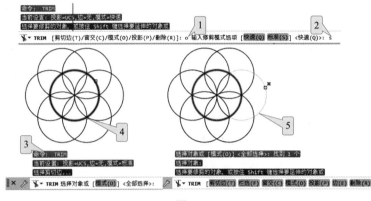

① 输入 o，确定。

② 输入 s，确定。再按一次确定，结束命令。

③ 重复执行剪切命令，此时提示行已经变成标准模式。

④ 选择圆为剪切边界，确定。

⑤ 选择需要剪切的边，结束。

图2-19

步骤 5 填充渐变色

输入【H】，确定，执行填充渐变色命令，选择渐变颜色和效果，填充图案如图 2-17（a）的效果。

步骤 6 完成图案图 2-14（b）

重复完成前三步，执行【TR】剪切命令，标准模式下，选择外围六个圆为边界，确定，剪切外部圆弧。继续重复执行剪切命令，以中心圆为边界，确定，剪切内部圆弧，最后执行【H】填充渐变色得到图 2-14（b）的效果。

步骤 7 完成图案图 2-14（c）

重复完成前三步，执行【E】删除命令，删除中心圆，执行【TR】剪切命令，选择外围六个圆为边界，确定，剪切外部圆弧，最后执行【H】填充渐变色得到图 2-17（c）的效果。

2.6 绘制太极图案

【学习目标】

通过绘制如图 2-20 所示的图案，学习【C】（CIRCLE）圆命令、【TR】（TRIM）剪切命令、【E】（ERASE）删除命令和【H】（HATCH）渐变色填充命令。重点要求学会使用对象捕捉的设置，利用捕捉寻找合适的点来绘制相关的图形。

【作图步骤】

步骤 1 绘制圆与辅助圆

输入【C】，确定，执行圆命令，指定任意点为圆心，输入半径 200，确定，完成圆 1。重复执行圆命令，按【F3】打开对象捕捉，捕捉圆心绘制同心圆，输入半径 100，确定，完成圆

2。如图 2-21 所示。

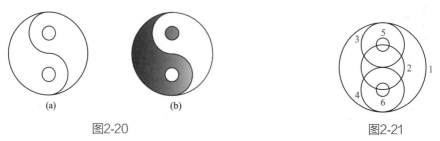

图2-20　　　　　　　　　　　　　　　　　图2-21

步骤 2　修改对象捕捉设置

鼠标移动到状态栏位置，右键单击▢图标或者左键单击图标右侧的箭头，弹出选择框，左键单击选择象限点即可设置完成，如图 2-22 所示。

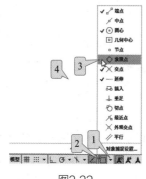

① 鼠标左键单击。
② 鼠标右键单击。
③ 弹出的对象捕捉设置中左键单击选择象限点。
④ 点击空白处，完成对象捕捉设置。

图2-22

步骤 3　继续绘制圆

重复圆命令，捕捉圆 2 对应的象限点为圆心，绘制半径为 100 的圆 3 和圆 4。用同样方法绘制圆 5 和 6，半径为 30。

步骤 4　删除辅助圆

输入【E】，确定，执行删除命令，选择辅助圆 2，删除。

菜鸟：这个删除命令，是不是可以按键盘的【DELETE】键。

学霸：是的，【E】删除命令和【DELETE】键作用相同，只不过操作方式不太一样。【E】删除命令是先输入【E】执行命令再选择删除对象，而【DELETE】键删除则是先选择对象再按【DELETE】键。当我们需要删除多个对象时，还是利用 AutoCAD 的【E】删除命令比较方便。

步骤 5　剪切对象

输入【TR】确定，执行剪切命令。修改剪切模式为快速，剪切不需要的弧段，得到图 2-20（a）的效果。

步骤 6　填充图案

输入【H】，确定，执行填充渐变色命令，选择渐变颜色和效果，填充图案，得到图 2-20（b）的效果。

痛点解析

痛点 1　找不到捕捉点

菜鸟：我找圆心绘制构造线，按【F3】打开了对象捕捉，可是怎么找不到圆心？

学霸： 看命令行窗口，有没有告诉电脑你要绘制构造线？你要记住，电脑要执行什么命令，必须是你给他指令。在执行绘图或编辑命令过程中捕捉对象才能发挥作用。

痛点 2　快速剪切如何快

菜鸟： AutoCAD 2021 版本以后的剪切命令快速模式是怎么体现出快的？

学霸： 在 AutoCAD 2021 版本之前，执行剪切命令如果需要选择所有对象作为剪切边，则需要按两次确定，在 2021 版本之后增加了快速模式，用户执行【TR】命令，只需要按一次确定，就可以哪里不要点哪里了，如图 2-23 所示。

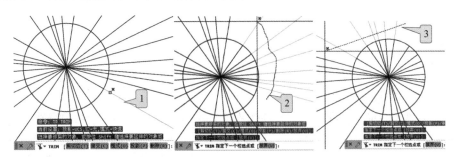

输入【TR】，确定，执行剪切命令，快速模式下：

① 点击对象直接剪切。

② 空白处按住左键拖动鼠标，形成自由曲线栏选，与自由曲线相交的对象被剪切。

③ 空白处单击左键后松开，移动到下一点单击，两点形成栏选，与直线相交的对象被剪切。

图2-23

痛点 3　渐变色填充不上

菜鸟： 我的操作步骤没问题，可是怎么不能完全填充这个六边形的花瓣？明明是闭合的区域，可是提示不能填充。

学霸： 当我们明确绘制的区域是闭合的，且这些闭合区域组成对象有曲线、圆弧等，在系统默认执行【H】填充命令时，可能会出现不正常的提示，此时我们可以采用"选择对象"的方式选择填充区域，如图 2-24 所示。

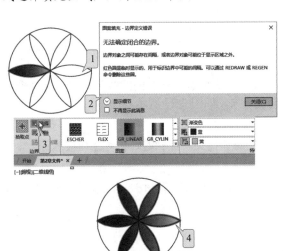

① 单击内部，没有预览填充。

② 弹出边界定义错误提示框。

③ 单击边界选项卡的选择按钮。

④ 选择圆内的所有圆弧。

预览填充效果。

图2-24

不过有一点需要注意的是，填充不上的提示并不是每次都出现，所以只有遇到此种情况时，才可以体会这一点。

图2-25

痛点 4　命令行窗口消失

菜鸟：我的命令行窗口怎么没有了？

学霸：按【CTRL+9】键，可以打开或者关闭命令行窗口。实际上当我们不小心按【CTRL+9】关闭命令行时，通常会出现如图 2-25 所示的提示，如果按了【SPACE】或【ENTER】确定，则命令行窗口关闭。

 放大招

大招 1　对象捕捉追踪的应用

菜鸟：在状态栏的对象捕捉左侧的按钮是对象捕捉追踪，这个是怎样使用的？

学霸：对象捕捉追踪可以理解为对象捕捉和极轴追踪的一个综合功能，对象捕捉追踪是在对象捕捉功能的基础上，结合了极轴追踪的功能。包含两个层面：第一，对象捕捉追踪是结合对象捕捉和极轴追踪两个功能一起使用的，启用对象捕捉追踪时，应当先启用极轴追踪和对象捕捉功能，并根据我们绘图要求设置好极轴追踪的增量角、对象捕捉模式；第二，对象捕捉追踪拓展和补充了对象捕捉的功能，两者都能够为我们的绘图起到辅助作用。

对象捕捉追踪与对象捕捉作用不同：对象捕捉是在图形上捕获特殊点，如垂足、端点、点、中点等，只要打开对象捕捉开关，并将鼠标光标移动到相关点附近时，就会自动捕捉这些点。对象捕捉追踪则通过指定点来捕获特殊线，使用该功能前，必须开启极轴追踪，结合极轴追踪一起使用。由此可见，对象捕捉注重捕捉点，对象捕捉追踪重在辅助绘线，两者用途不同。

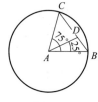

图2-26

下面通过如图 2-26 所示的案例来学习一下，本案例要在半径 300 的圆内绘制一个三角形 ABC，然后再绘制 AD。其中 $\angle BAC = 75°$，$\angle BAD = 25°$，也就是需要在极轴追踪中设置 25° 的增量角。

【作图步骤】

步骤 **1**　修改对象捕捉追踪设置

鼠标移动到状态栏，右键单击图标 或者左键单击图标右侧的箭头，弹出选择框，左键单击"正在追踪设置"，在弹出的窗口中设置选项，如图 2-27 所示。

步骤 **2**　打开追踪

按【F3】、【F10】、【F11】键，打开对应的对象捕捉、极轴追踪、对象捕捉追踪。

步骤 **3**　绘制三角形 ABC

输入【L】，确定，执行绘制线命令，捕捉圆心，绘制线段 AB，捕捉增量角 75° 方向得到线段 AC，连接 CB，完成三角形。

步骤 **4**　绘制线段 AD

确定重复执行线段命令，捕捉圆心，利用对象捕捉追踪先将光标移动到 A 点，但不要点击选择，之后再将光标移动到线段 BC 上，此时我们发现捕捉线出现了，这就说明对象捕捉追

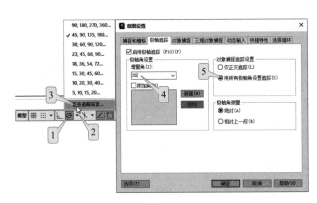

① 鼠标右键单击。
② 鼠标左键单击。
③ 单击正在追踪设置。
④ 添加增量角 25°。
⑤ 复选用所有极轴角设置
追踪。

图2-27

踪发挥作用了，在这种情况下，就可以很方便地捕捉到 *D* 点了，如图 2-28 所示，获得点 *D*，
完成图案。

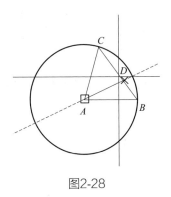

图2-28

大招 2　临时对象捕捉点

对象捕捉是 CAD 中重要的功能之一，主要用于在绘图过程中利用光标来准确确定特征点，
如端点、中点、圆心等。

菜鸟：我想在绘图中临时捕捉垂直点一次，能不能不打开对象捕捉设置呢？

学霸：可以的，我们通常可以通过两种方法去做。

方法一：快捷命令调用。

在命令行提示要定位一个点时，可以通过输入对象捕捉选项或参数的缩写来临时调用某
个捕捉模式，此时可以不需要打开对象捕捉。常用捕捉点的快捷键对应关系如下：

端点快捷键 "END"，用来捕捉对象（如圆弧或直线等）的端点。

中点快捷键 "MID"，用来捕捉对象的中点。

交点快捷键 "INT"，用来捕捉两个对象的交点。

外观交点快捷键 "APP"，用来捕捉两个对象延长或投影后的交点。即两个对象没有直接
相交时，系统可自动计算其延长后的交点，或者空间异面直线在投影方向上的交点。

延伸快捷键 "EXT"，用来捕捉某个对象及其延长路径上的一点。在这种捕捉方式下，将
光标移到某条直线或圆弧上时，将沿直线或圆弧路径方向上显示一条虚线，用户可在此虚线上
选择一点。

圆心快捷键 "CEN"，用于捕捉圆或圆弧的圆心。

象限点快捷键 "QUA"，用于捕捉圆或圆弧上的象限点。象限点是圆上在 0°、90°、

180°和 270°方向上的点。

切点快捷键"TAN"，用于捕捉对象之间相切的点。

垂足快捷键"PER"，用于捕捉某指定点到另一个对象的垂点。

平行快捷键"PAR"，用于捕捉与指定直线平行方向上的一点。创建直线并确定第一个端点后，可在此捕捉方式下将光标移到一条已有的直线对象上，该对象上将显示平行捕捉标记，然后移动光标到指定位置，屏幕上将显示一条与原直线相平行的虚线，用户可在此虚线上选择一点。

图2-29

节点快捷键"NOD"，用于捕捉点对象。

插入点快捷键"INS"，捕捉到块、形、文字、属性或属性定义等对象的插入点。

最近点快捷键"NEA"，用于捕捉对象上距指定点最近的一点。

方法二：右键菜单调用。

按住【SHIFT】或【CTRL】键右击鼠标，即可弹出快捷菜单，如图 2-29 所示，左键点击选择临时捕捉的点即可。

大招 3　多个文档之间切换

菜鸟： AutoCAD 可以同时打开多个文档，怎么才能方便切换呢？

学霸： 比较方便的操作是按住【CTRL】键，然后再去按【TAB】键，可以逐个切换文档。

第 3 章
基础图案绘制（二）

 知识图谱

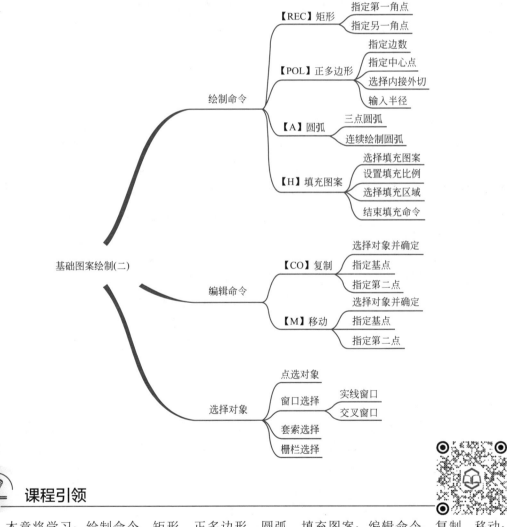

 课程引领

　　本章将学习：绘制命令，矩形、正多边形、圆弧、填充图案；编辑命令，复制、移动；选择对象的方法。AutoCAD 除了可以精确绘制图形，其更大的优势是方便快速地对已有图形编辑修改，这时候就需要选择对象。通过本章的学习，你将掌握实现快速编辑修改对象的能

力，常用快速选择对象的方法有点选、窗口选择、栅栏选择、套索选择等。

不同的选择方法会产生不同的选择后的效果，如点选可以精确选择一个或者多个需要的对象，而窗口选择会选中窗口内的对象。这就要求设计人员在做图时要准确做出判断，而做出准确的判断，要求一个人要有细致观察的能力，并通过长期的实践积累，全面进行问题分析。

3.1　选择图形对象的方式

【学习目标】

AutoCAD 绘制命令绘制的图形并不是每次都能直接达到要求，大多情况下需要对绘制的图形进行修改编辑，比如复制、移动等，而执行编辑修改的关键就在于怎样选择图形对象，选择图形对象的关键就是准确和快速。

首先学习选择对象的四种方式：点选、窗口选择、套索选择、栅栏选择。

3.1.1　点选对象

输入【CO】，确定，执行复制（COPY）命令，命令行提示选择对象时，十字光标就变成了拾取框，鼠标左键直接单击即为点选对象，未点击前对象亮显，点击后被选中的图形对象蓝色亮显。实际上在上一章讲解执行【TR】剪切命令和【E】删除命令时已经使用过，只不过在 AutoCAD 2021 版本后，剪切命令和删除命令被选中对象为灰色，如图 3-1 所示。

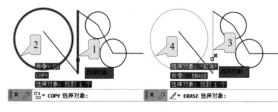

图3-1

输入【CO】，确定，执行复制命令，提示选择对象：

① 点选对象前亮显。

② 点选对象后蓝色亮显。

输入【E】，确定，执行删除命令，提示选择对象：

③ 点选对象前灰色显示。

④ 点选对象后灰色显示。

3.1.2　窗口选择对象

输入【CO】，确定，执行复制命令，命令行提示选择对象时，十字光标就变成了拾取框，在绘图区的空白处单击，那么拾取框就会变成窗口选择的第一角点，移动光标，窗口大小和颜色发生变化，窗口区域的对象就被选中。

窗口选择有两种情况，一是实线窗口，二是交叉窗口。

（1）实线窗口

获取实线窗口的方法：从图形的左侧区域空白处左键单击选择窗口的第一点，然后向右侧方向指定对角点，无论是右上方还是右下方，都可以形成实线窗口。

实线窗口的显示：实线围合、蓝色透明显示，十字光标相交处有■图标。

实线窗口的选择：只有被实线窗口全部包围的对象，才能够被选择。图 3-2 所示能够选中的只有三条直线，而其他直线和圆则不能被选择，因为它们都还有一部分在矩形窗口外。

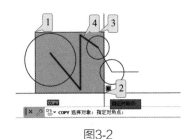

图3-2

输入【CO】，确定，执行复制命令，提示选择对象：
① 左侧点击。
② 向右侧移动光标，单击指定对角点。
③ 窗口蓝色实线显示。
④ 能够选择三条直线。

（2）交叉窗口

获取交叉窗口的方法：从图形的右侧区域空白处单击选择窗口的第一点，然后向左侧方向指定对角点，无论是左上方还是左下方，都可以形成交叉窗口。

交叉窗口的显示：虚线围合、淡绿色显示，新版本在十字光标相交处增加了▣图标。

交叉窗口的选择：全部包围在窗口内部的图形对象和与交叉窗口相交的对象都可以被选择，图 3-3 所示能够被选中的三条直线和两个圆，两个圆虽然没有被包围在窗口内，但与交叉窗口的窗线相交，所以均可以被选择。

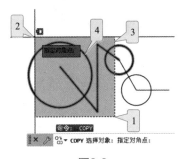

图3-3

输入【CO】，确定，执行复制命令，提示选择对象：
① 右侧点击。
② 向左侧移动光标，单击指定对角点。
③ 窗口绿色虚线显示。
④ 能够选择三条直线和两个圆。

3.1.3　套索选择

输入【CO】，确定，执行复制命令，命令行提示选择对象时，十字光标就变成了拾取框，在绘图区的空白处按住鼠标左键并拖出一个不规则的选框，选框大小和颜色发生变化，选框中能被选中的对象就会亮显。

与窗口和交叉窗口相同，套索也有两种情况。

从左向右拖动鼠标，出现蓝色实线选框，被选框全部包围在内的对象能够被选中，如图 3-4 所示。

从右向左拖动鼠标，出现虚线绿色选框，被选框包围和与虚线相交的对象都能够被选中，如图 3-5 所示。

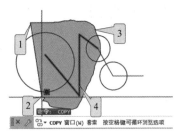

输入【CO】，确定，执行复制命令，提示选择对象：
① 左侧点击并拖动鼠标，此时不能松开左键。
② 松开鼠标左键。
③ 选框为蓝色实线显示。
④ 能够选择三条直线。

图3-4

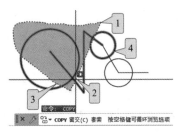

输入【CO】，确定，执行复制命令，提示选择对象：
① 右侧点击并拖动鼠标，此时不能松开左键。
② 松开鼠标左键。
③ 选框为虚线绿色显示。
④ 能够选择三条直线和两个圆。

图3-5

3.1.4　栅栏选择

　　输入【CO】，确定，执行复制命令，提示选择对象时，十字光标就变成了拾取框，此时输入"F"，确定，拾取框就变成栅栏选择，单击左键得到第一点，移动光标，在不同的位置单击鼠标左键，这时候就可以形成一段或多段虚线，与之相交的所有对象均被选择，这就是栅栏选择。

　　栅栏的显示：虚线，无颜色显示但通常会加粗显示（也称亮显）。

　　栅栏的选择：与栅栏边界相交的对象，才能够被选择，全部包含在栅栏内的并不能被选择，如图 3-6 所示。

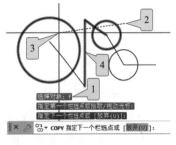

输入【CO】，确定，执行复制命令，提示选择对象：
① 输入"F"，确定。
② 左键单击。
③ 移动光标继续单击指定点。
④ 能够选择两条直线和两个圆。

图3-6

　　菜鸟：我输入了"F"后，怎么不是栅栏选择？

　　学霸：原因可能是你在命令行直接输入了"F"。栅栏选择是一种插入命令，是在执行编辑命令，出现选择对象提示时，通过输入参数"F"来实现的，而不是独立指令，初学者千万记住不要在命令行直接输入。

3.2　正多边形的绘制

【学习目标】

　　按照第 2 章的方法绘制正多边形是用构造线等分圆找到相应的点，连接各点得到。不过在 AutoCAD 中可以通过【POL】（POLYGON）多边形命令来完成。根据几何知识，圆等分后绘制的正多边形，会有两种情况：内接关系和外切关系，如图 3-7 所示。

图3-7

　　执行正多边形命令，需要四步完成：第一步输入边数，确定；第二步指定多边形的形心；第三步输入"I"或"C"，确定内接或外切；第四步指定多边形的半径。

　　本节通过半径 1000mm 的圆作参考，学习正多边形的绘制过程。

【作图步骤】

　　步骤 1　绘制圆

　　输入【C】，确定，执行圆命令。指定任意点为圆心，输入半径 1000，确定。

　　步骤 2　复制圆

　　绘制完成第一个半径为 1000 的圆，可以重复执行绘制圆命令完成第二个圆，不过这里需要学习复制命令获得相同对象的方法，因此，需要用到【CO】（COPY）复制命令，复制命令是我们应用最多的命令之一，学会该命令需要掌握执行命令过程中的三种不同方式。

　　输入【CO】，确定，执行复制命令，选择圆，确定，指定任意点为基点，观察复制圆的位置，指定任意点为第二点，确定，结束命令，如图 3-8 所示。

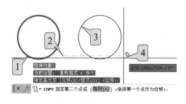

① 点选圆，确定。
② 指定任意点为基点。
③ 观察线段复制到的位置。
④ 指定第二点。

图3-8

提示：

　　这里执行复制命令，基准点是任意点，第二点也是任意点，这是移动和复制命令的第一种情况。

　　步骤 3　绘制正六边形

　　输入【POL】，确定，执行正多边形命令，输入 6，确定多边形的边数。捕捉第一个圆的圆心为正六边形的中心点，输入"I"，确定内接关系，输入 1000，确定内接圆的半径，如图 3-9 所示。

　　重复执行正多边形命令，按【SPACE】重复六边形，捕捉第二个圆的圆心为正六边形的中心点，输入"C"，确定外切关系，输入 1000，确定外切圆的半径，如图 3-10 所示。

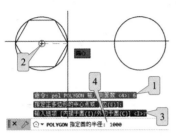

图3-9

① 输入 6，确定，绘制六边形。
② 捕捉圆心为正六边形的中心点。
③ 输入 "I"，确定，内接关系。
④ 输入 1000，确定，内接圆半径。

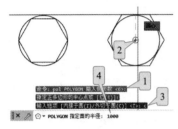

图3-10

① 按【SPACE】确定，绘制六边形。
② 捕捉圆心为正六边形的中心点。
③ 输入 "C"，确定，外切关系。
④ 输入 1000，确定，外切圆半径。

菜鸟：我发现了，这两种情况的正六边形，只有第三步不同，其他步骤完全一样。

学霸：是的，看来你还是很注意观察的，在中心点、半径相同情况下，正多边形的大小取决于内接还是外切关系。

3.3　五角星的绘制与图案填充

📚【学习目标】

对如图 3-11 所示的正五边形，填充相应的图案效果。学习命令有【POL】（POLYGON）多边形、【L】（LINE）直线、【H】（HATCH）图案填充等。

📚【作图步骤】

步骤 1　绘制正五边形

输入【POL】，确定，执行正多边形命令，输入 5，确定多边形的边数。指定任意点为正五边形的中心点，输入 "I"，确定内接关系，输入 2000，确定内接圆的半径，完成正五边形，如图 3-12 所示步骤 1。

步骤 2　连线五角星

输入【L】确定，执行直线命令，以五边形的五个顶点作为五角星的五个角点，打开对象捕捉，依次连接五个点，绘制五角星，如图 3-12 所示步骤 2。

步骤 3　删除五边形

执行 "E" 删除命令，将辅助五边形删除，如图 3-12 所示步骤 3。

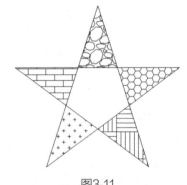

图3-11

图3-12

步骤 4　填充图案

前面已经学习了渐变色的填充，本节学习图案填充，图案填充的操作步骤与渐变色填充基本相似。

输入【H】，确定，执行填充命令，在"图案填充创建"选项卡中，分三个步骤进行图案填充，如图 3-13 所示。

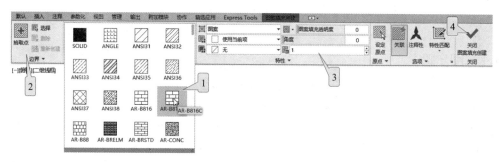

① 单击图案位置的下拉箭头，在弹出的对话框中选择需要填充的图案。

② 默认的拾取点方式，选择填充区域，点击五角星的一个角。

③ 根据预览的效果，如果出现空白、全黑（全白）的现象，就是比例过大或过小造成的，那就需要调整比例大小。

④ 单击√号，或者按【SPACE】确定，结束命令。

图3-13

菜鸟：我的填充比例改为 5、10 怎么都不行呢？

学霸：由于绘图的尺寸大小和选择的图案不同，填充图案的比例设置需要输入相应的比例值达到不同比对效果，有的图案可能用 100，甚至 1000，有的可能用 0.1，甚至 0.01 等。所以调整值要变化幅度大一些，如图 3-14 所示。

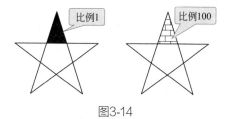

图3-14

重复执行填充命令，选择不同的图案，调整不同的比例，直到完成绘制。

3.4　绘制窗户立面图

📑 【学习目标】

绘制一个宽 1500mm、高 2000mm 的简单窗户立面图。仔细分析发现，该图由四个矩形组成，之前绘制矩形用的是直线命令，四个点相连，这样的方法只是为了学习坐标输入方式，而真正需要绘制矩形时，则要用【REC】（RECTANGLE）矩形命令。矩形命令执行步骤简单，绘制一个矩形只需要指定两个对角点即可，那本例只需要确定如图 3-15 所示的八个点即可完成。

　　本节学习【L】（LINE）直线命令、【REC】（RECTANGLE）矩形命令、【CO】（COPY）复制命令、【M】（MOVE）移动命令。

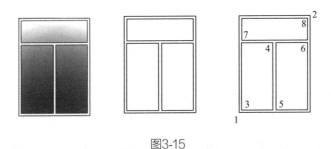

图3-15

📚【作图步骤】

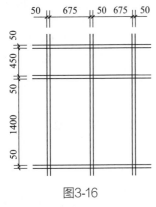

图3-16

步骤 1　绘制水平和垂直两条辅助线

　　根据分析，首先应该完成图示尺寸的辅助线，在这一组辅助线中，所有的水平线和垂直线都是统一长度，相互平行的，也就是相同对象。那我们对于相同对象，就不是一条一条直接绘制，而是绘制一条水平线和一条垂直线，然后执行复制命令获得其他辅助线，如图 3-16 所示。

　　输入【L】，确定，执行直线命令。绘制一条水平线尺寸为 2000，一条垂直线尺寸为 2500（坐标方式采用方向距离输入）。注意两条辅助线需要相交，并且两端均有多余线段。

　　菜鸟：窗户尺寸是 1500×2000，为什么辅助线长度是 2000×2500 呢？

　　学霸：这是为了方便对象捕捉和便于选择编辑对象，辅助线尺寸一定要大于窗户的尺寸，这种思路在以后的绘图中都要注意应用。

　　菜鸟：我的辅助线绘制完成后没有相交，怎么处理？

　　学霸：如果绘制出来的两条辅助线没有相交，那需要执行移动命令，移动其中一条辅助线，让两者符合相交要求。

　　输入【M】，确定，执行移动命令。选择需要移动的一条线，确定，指定移动的基点，再指定下一点即可实现移动命令，如图 3-17 所示。

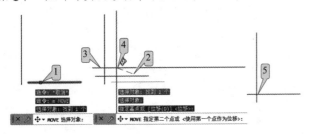

① 点选线段，确定。
② 指定任意点为基点。
③ 观察线段移动到的位置。
④ 指定第二点。
⑤ 移动完成后的效果。

图3-17

💡 提示：

执行移动命令，基准点是任意点，第二点也是任意点，这是移动和复制命令的第一种情况。

步骤2　复制其他辅助线

输入【CO】，确定，执行复制命令。选择图中的水平线，确定，点击任意一点作为复制时的基准点，打开正交模式，向上移动光标，依次输入距离50、1450、1500、1950、2000，完成水平辅助线。

重复执行复制命令，选择图中的垂直线，确定，选择任意一点作为复制时的基准点，向右移动光标，依次输入距离50、725、775、1450、1500，完成垂直辅助线。

💡 提示：

执行复制命令，基准点是任意点，第二点通过方向距离输入，指定特定的点，这是移动和复制命令的第二种情况。

步骤3　绘制窗户线

为了区分绘制的窗户线与辅助线，临时采用调整对象特性颜色的方法。通过功能区菜单中的特性面板调整，在绘制窗户前，设置对象颜色为绿色，如图3-18所示。

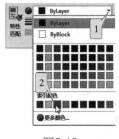

在功能区的特性面板中：
① 单击特性中的颜色下拉箭头。
② 单击选择绿色。设置绘制对象颜色。

图3-18

💡 提示：

这里的特性设置方法，只是临时采用，在以后需要根据图层特性，保证这个设置为"ByLayer"，以便与对应图层特性一致。

输入【REC】，确定，执行矩形（RENTANGLE）命令，该命令的步骤是先指定一个点，再指定对角点。

按【F3】打开对象捕捉，捕捉第一个角点1、另一个角点2即可完成第一个矩形，确定重复执行矩形命令，分别捕捉点3和4，点5和6，点7和8，完成四个矩形，形成窗户线，如图3-19所示。

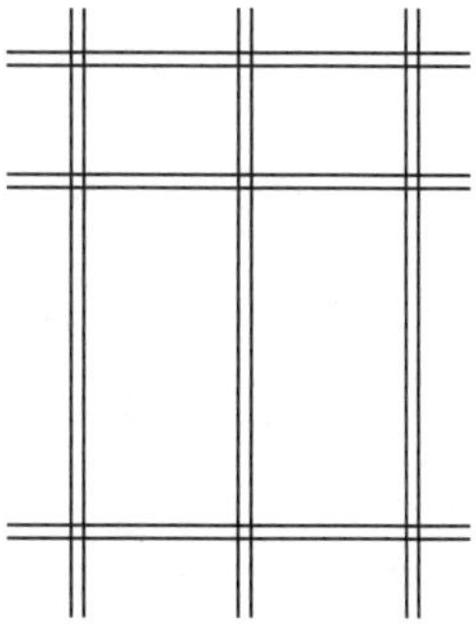

步骤4　移动窗户线

输入【M】，确定，执行移动命令。实线窗口选择四个矩形，确定，指定任意点为基点，观察移出的窗线位置，指定第二个任意点，从辅助线的位置移开窗户线，如图3-20所示。

图3-19

步骤5　填充渐变色

为了使窗户看起来更美观，执行【H】填充命令，选择上下渐变的绿色填充窗户的矩形框区域，完成窗户立面图。

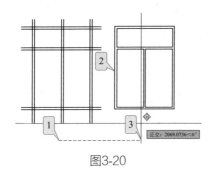

① 指定任意点为基点。
② 观察窗线位置。
③ 指定任意点为第二点。

图3-20

3.5　绘制简单建筑立面图

📖【学习目标】

本节通过绘制如图 3-21 所示的简单建筑立面图，重点要掌握辅助线绘图的思路和移动、复制命令的应用方法。完成图 3-21 的关键在于找到合适的绘制切入点，即第一条线从何画起。窗户在上节已绘制好，可以拿来用。

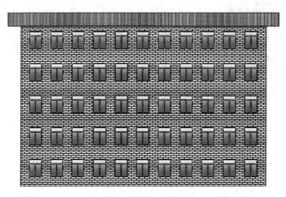

图3-21

本案例学习的命令有【L】（LINE）直线命令、【REC】（RECTANGLE）矩形命令、【CO】（COPY）复制命令、【M】（MOVE）移动命令、【H】（HATCH）填充命令。

📇【作图步骤】

步骤 1　绘制辅助线

仔细分析，利用辅助线作图，确立辅助线的位置是绘图的关键。图 3-22 中三个矩形框就是要确定的对应点的辅助线，这样就从箭头所指的线 1 和 2 入手，通过复制命令，

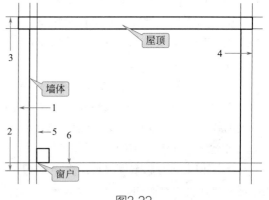

图3-22

来得到其他辅助线。

　　首先绘制垂直辅助线 1，输入【L】确定，执行直线命令，按【F8】打开正交模式，向上移动十字光标，输入尺寸 22000，确定。重复执行直线命令，绘制水平辅助线 2，指定起点在线 1 附近，十字光标右移，输入尺寸 35000，确定。

　　输入【CO】，确定，执行复制命令。复制完成其他辅助线。选择线 1 向右复制 31500 距离，得到线 4，再选线 2 向上复制 19500 距离，得到线 3。

　　重复执行复制命令，选择线 1 向右侧复制，输入距离 1500、2500、30000。选择线 2 向上复制，输入距离 1000、18000，完成辅助线。其中，辅助线 5 和 6 的交点为建筑一层窗户的左下角点。

　　步骤 2　绘制屋顶和墙体

　　为了区分对象，还是通过功能区的特性面板临时设置屋顶颜色为蓝色，输入【REC】，确定，执行矩形命令，捕捉两个对角点，完成屋顶矩形绘制。重复执行矩形命令，完成墙体的矩形绘制。

　　步骤 3　绘制窗户

　　本节窗户采用上节的窗户，只需要将先前做好的窗户图案移动或者复制到辅助线 5 和 6 的交点处即可。

　　输入【CO】，确定，执行复制命令。实线窗口选择窗户对象，确定，此时在指定基点和第二点时均需要按【F3】打开对象捕捉，单击窗户的左下角为基点，第二点为辅助线 5 和 6 的交点，如图 3-23 所示。

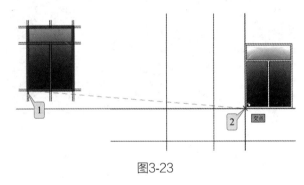

① 按【F3】打开对象捕捉工具，捕捉窗户左下角点为基点。
② 指定辅助线的交点为第二点。

图3-23

提示：

　　这是复制和移动命令指定基点和第二个点的第三种情况，基点和第二个点都是通过对象捕捉指定的特定点。

　　步骤 4　复制其他窗户

　　执行复制命令，实线窗口选择第一个窗户进行。注意此时使用的是多个复制，复制时选择任意点为基点，打开正交模式，光标向右侧移动，然后依次输入相应的距离 2500、5000、7500、10000、12500、15000、17500、20000、22500、25000 等就可以得到建筑物一层的立面窗户。

　　重复复制命令，实线窗口选择所有的一层窗户，正交模式下，向上移动光标，分别输入距离 3600、7200、10800、14400 等。

　　步骤 5　移动立面图对象

　　输入【M】，确定，执行移动命令，选择绘制完成的窗户、墙面和屋顶，不要选择辅助线，指定任意点为基点，移动光标，将立面图形与辅助线分开。

步骤6 填充图案

输入【H】，确定，执行填充命令，选择"ANSIS131"图案，设置比例100，角度45，填充到屋顶矩形中。

重复执行填充命令，选择"AR-BRSTD"图案，设置比例为300，填充到墙体中。

菜鸟：我的填充图案出了问题，窗户里面也是砖块，怎么办呢？

学霸：单击图案填充编辑器中的"选项"右下角的小箭头，即可弹出"图案填充和渐变色"对话框。单击右下角的◉图标，打开隐藏项目，调整孤岛显示方式。孤岛显示方式有三种情况：普通，外部，忽略。默认情况为普通。单击选择外部，只填充多重图案的外围区域，确定，即可将窗户内的填充图案取消掉，只保留外部墙体中的填充，如图3-24所示。

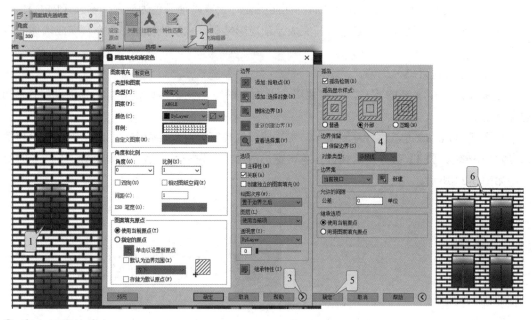

① 窗户区域被填充。

② 单击选项的下箭头。

③ 单击隐藏项目。

④ 调整孤岛显示方式为外部。

⑤ 单击确定，结束填充。

⑥ 填充效果。

图3-24

3.6　绘制飘扬的旗子

【学习目标】

本节绘制一面飘扬的红旗，通过学习连续圆弧的绘制方法获得飘扬的旗面，如图3-25所示。学习的命令有【A】（ARC）圆弧、【REC】（RECTANGLE）矩形、【C】（CIRCLE）圆、【M】（MOVE）移动等。

📁【作图步骤】

步骤 1　绘制旗面圆弧

输入【A】，确定，执行圆弧命令，通常情况下逆时针指定三点就可以绘制一个圆弧，在 AutoCAD 中有很多绘制圆弧的方法，后面会慢慢学习。

首先绘制第一段圆弧，根据 1、2、3 三个点的相对位置，指定圆弧的三个点可以得到第一段圆弧。

第二段圆弧的绘制方法不能和第一段一样直接指定三个点，因为红旗需要两段平滑连接的圆弧，而要获得平滑连接的圆弧，AutoCAD

图3-25

给出了绘制方法。按【SPACE】键，重复执行圆弧命令，命令行提示指定第一点，不要捕捉不要点击，再按【SPACE】键会自动捕捉第一段圆弧的终点，然后移动光标，此时可以看到出现平滑连接的圆弧，指定第 4 点即可完成，如图 3-26 所示。

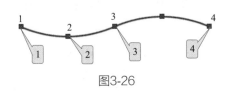

图3-26

① 指定任意点为第 1 点。

② 指定第 2 点位置相对于第 1 点较低。

③ 指定第 3 点位置与第 1 点基本平行。

④ 确定，重复圆弧命令，确定，自动捕捉第一段圆弧终点，指定第四点与第一点处于平行位置。

菜鸟：怎么让第 3 点和第 1 点在同一水平线上呢？

学霸：这个要利用十字光标来判断，前面设置过十字光标显示大小。

菜鸟：那第 4 点和第 3 点怎么在同一水平线上呢？

学霸：确认一下是否按【F8】打开正交模式功能了？

步骤 2　绘制完成旗面

旗面下方的圆弧与上面圆弧相同，如果直接用圆弧命令绘制是很难一样的，这就需要复制命令。

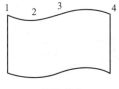

图3-27

输入【CO】，确定，执行复制命令，选择两段圆弧，确定，指定任意点为基点，正交模式打开，向下移动光标，观察两条弧段的相对位置，然后指定第二点，完成复制。

输入【L】，确定，执行直线命令，捕捉圆弧的端点相连，完成旗面，如图 3-27 所示。

步骤 3　绘制旗杆

输入【REC】，确定，执行矩形命令。先捕捉旗面的左上角 1 点作为矩形的第一点，然后根据图案的相对比例，指定第二点即可绘制出矩形。

重复矩形命令，绘制出小一点的矩形。需要移动这个矩形到大矩形的顶线中点处。

输入【M】，确定，执行移动命令，选择小矩形，确定，设置对象捕捉，增加中点，捕捉小矩形下端的中点为基点，再捕捉大矩形的中点为第二个点，完成移动，如图 3-28 所示。

输入【C】，确定，执行圆命令，捕捉小矩形上端线的中点作为圆的圆心，绘制旗杆顶端的圆。执行移动、剪切后可得到如图 3-29 所示的图案。

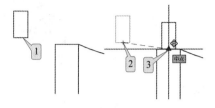

① 绘制小矩形。

② 移动小矩形，指定中点位置为基点。

③ 指定大矩形的中点位置为第二点。

图3-28

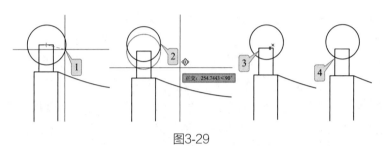

① 绘制圆。

② 移动圆。

③ 剪切多余线段。

④ 完成绘制。

图3-29

步骤 4　绘制旗杆基座

首先绘制两个长矩形，尺寸自定，再执行移动命令，还是利用对象捕捉中点为相应的基点和第二个点，即可得到基座，如图 3-30 所示。

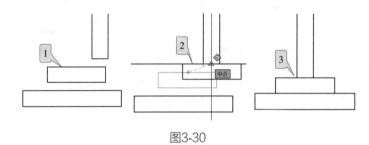

① 绘制两个矩形。

② 移动矩形对齐中点。

③ 完成绘制。

图3-30

步骤 5　填充颜色

输入【H】，确定，执行填充命令。默认实体填充模式，选择红色，点选填充旗面为红色，如图 3-31 所示。

① 执行填充命令，默认的就是实体填充。

② 单击此处选择红色。

③ 通过拾取点方式选择旗面进行填充。

④ 确定完成填充。

图3-31

重复执行填充命令，选择渐变色填充，设置深灰和浅灰两种颜色。对圆球执行渐变填充，选择径向渐变方式，如图 3-32 所示。

继续重复执行填充命令，对旗杆填充柱状渐变，对基座填充线性渐变，完成绘制。

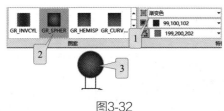

① 选择渐变色填充，设置两种灰色。
② 选择径向渐变。
③ 填充效果。

图3-32

菜鸟： 我的旗杆用柱状填充怎么显示成如图 3-33 所示这样了？

学霸： 这个是因为旗杆的矩形区域长宽比悬殊太大，导致填充的颜色效果不是按照柱状显示，如果我们用小一点的矩形，比如旗杆顶部的小矩形区域就正常显示。

痛点解析

痛点 1　圆、圆弧变成折线

菜鸟： 为什么我绘制的圆、圆弧打开后变成了折线？

学霸： AutoCAD 为了能够在绘图过程中加快图形的显示，通常会在默认设置中，将弧线显示为折线，经过这样的优化可以节省显示图形的时间。

菜鸟： 那我怎么知道到底是折线还是圆弧呢？

学霸： 这个好办，只要输入【RE】，确定，执行 REGEN 重生成命令，重新计算整个图形，即可显示为真实状况。

图3-33

痛点 2　填充的关联性

菜鸟： 在填充选项中有一个"关联性"，是怎么用的呢？

学霸： 填充的关联性是指填充图案与填充边界之间的关联，选中关联性，当填充的边界发生改变后，填充的图案也会跟随改变，如果没有关联性则不会改变，如图 3-34 所示。

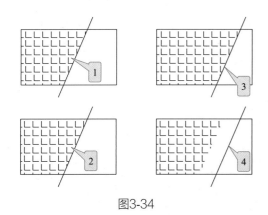

① 选择关联性填充图案。
② 取消关联性填充图案。
③ 移动直线后填充图案跟随区域改变。
④ 移动直线后图案不跟随区域改变。

图3-34

痛点 3　撤销命令【U】

菜鸟： 中断执行的命令是按【ESC】键，可是中断后，还是出现了不该有的图形对象。

学霸： 如果在绘图中发现做错了，需要撤销之前的操作，那就可以在命令行输入【U】，确定，即可撤销之前的命令，如果多次按确定，则可以撤销多步。

放大招

大招 1　连续重复命令，实现快速作图

菜鸟： 在连续绘制多个圆或者多边形的时候，还有没有更快的方法？

学霸： 有的，不过你要记住一些常用的英文单词呀！当我们绘图用到连续多次的重复命令时，就可以通过 "【MULTIPLE】+命令" 来完成，这样在绘制过程中就不需要重复输入命令，也不需要按【SPACE】键重复，连续绘制多个图形后，按【ESC】键退出，如图 3-35 所示。

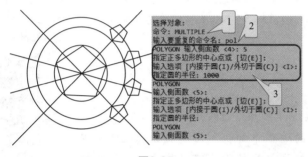

① 输入【MULTIPLE】，确定。

② 输入【POL】，确定。

③ 连续执行绘制多边形的四个步骤，直到按【ESC】键取消命令。

图3-35

大招 2　执行命令过程中的 "U"

菜鸟： 我绘制线命令时输入了错误的点，怎么不影响之前绘制的图形，还能撤销这一步错误？

学霸： 在执行命令过程中，当出现了偶然错误时，可以输入 "U"，确定，实现单步撤销操作。其实，不仅仅是在绘制命令，在编辑修改命令中也可以这样单步撤销。不过需要注意的是，输入一次 "U"，只能回退一步，如果还要再回退一步，那就需要再次输入 "U"。

大招 3　绘图次序调整

菜鸟： 在一个位置的两个对象，其中一个被挡住了，怎么办？

学霸： 如果在一个图形中，对象 1 被对象 2 覆盖了，显示不出来，那么可以通过调整绘图次序来解决。在绘图区选择对象 2，单击鼠标右键，在弹出的对话框中单击绘图次序，然后选择 "后置"，即可将遮住的内容显示出来，如图 3-36 所示。

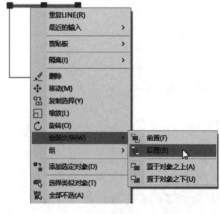

图3-36

第4章
基础图案绘制（三）

 知识图谱

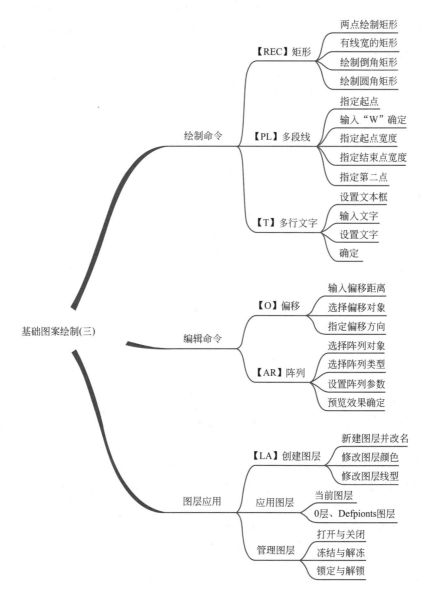

课程引领

本章将学习：绘制命令，矩形、多段线、多行文字；编辑命令，偏移、阵列；图层。面对复杂的图纸，如何实现有效的图形对象管理？学完本章，你将掌握图层的设置和应用，无论遇到多么复杂的图形，只要通过图层对图形对象进行有效的分类管理，就可以轻松实现快速绘图。

4.1　矩形命令

【学习目标】

矩形命令是 AutoCAD 中应用较多的命令之一，通过矩形命令绘制的对象是一个整体，实际上利用矩形命令，可以绘制出多种用途的对象，如图 4-1 所示的四个图形是通过不同的子命令来设置矩形的线宽、倒角、圆角等步骤完成的。

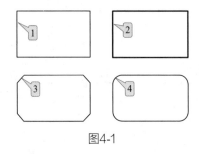

① 常规矩形。
② 设置线宽矩形。
③ 设置倒角矩形。
④ 设置圆角矩形。

图4-1

【作图步骤】

步骤 1　绘制常规矩形

输入【REC】，确定，执行矩形命令，指定任意点为第一个角点，输入（@500，300），确定，绘制一个 500×300 的矩形，该矩形为一个整体对象。

提示：

绘制矩形修改参数，要在命令行提示指定第一角点之前输入参数。

步骤 2　绘制有线宽矩形

按【SPACE】键，重复矩形命令，输入"W"，确定，输入 10，确定，设置矩形的线宽为 10，指定任意点为第一个角点，输入（@500，300），确定，绘制一个线宽为 10 的矩形。

步骤 3　绘制倒角矩形

按【SPACE】键，重复矩形命令，输入"C"，确定，输入 50，确定，指定第一个倒角距离，按【SPACE】键，设置第二个倒角值与第一个相同。指定任意点为第一个角点，输入（@500，300），确定，绘制一个倒角为 50 的矩形。

菜鸟：我绘制的图怎么不一样呢，虽然是倒角，可是还有线宽？

学霸：这是因为执行矩形命令，只要设置了子命令的参数，在下一次绘制矩形时，就会自动带有相应的设置，也就是记录了上一次的设置，如果用户想恢复到默认的值，那需要将对应参数设置为零。这个设置是和之前步骤一样，也就是说，如果需要设置没有线宽的矩形，那就需要在执行矩形命令后，先输入"W"，确定，再输入0，确定。继续绘制或者设置其他选项即可。

提示：

设置线宽为"0"是恢复默认线宽，并不是实际为0。

菜鸟：我明白了，也就是需要先输入"W"，设置为0，再输入"C"，设置相应的数值才可以。

学霸：太棒啦，完全正确。

提示：

执行矩形命令，指定倒角需要通过两段距离来确定，而指定圆角则只输入半径即可。

步骤4　绘制圆角矩形

按【SPACE】键，重复矩形命令，输入"F"，确定，输入50，确定，指定圆角值，指定任意点为第一个角点，输入（@500,300），确定，绘制一个圆角为50的矩形。

4.2　图层命令

【学习目标】

经过前两章的学习，对于 AutoCAD 的基本操作和绘图思路有了初步认识。不过，AutoCAD 主要完成的还是复杂工程图纸，面对复杂的图纸，要首先学会对图纸内容进行有效的管理。图层是用来管理图形的有效工具之一，图层相当于使用多张透明图纸绘图，把相同类型的图形对象绘制到一个图层，通过设置图层的特性可以控制图形的颜色、线型、线宽，以及是否显示、是否可修改和是否被打印等，可以方便对各类图形对象进行设置和修改，从而实现对图层的管理。

比如绘制建筑立面图，就可以将屋顶、墙体、窗等置于不同的图层上，每个图层只绘制该类对象，图层的理解如图 4-2 所示。

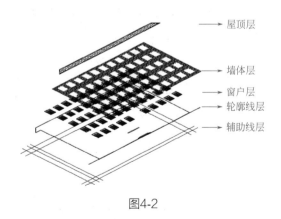

屋顶层
墙体层
窗户层
轮廓线层
辅助线层

图4-2

4.2.1　设置图层

输入【LA】，确定，执行图层命令，进入图层特性管理器，如图 4-3 所示。左侧窗口是所有正在使用的图层，顶部中间的图标 分别表示新建图层、在所有视口中都被冻结的新图层视口、删除图层、置为当前图层，右侧的窗口显示图层的详细信息。在默认状态下，新建文件中只有一个"0"图层，而"Defpoints"图层则是在执行尺寸标注后自动产生的。

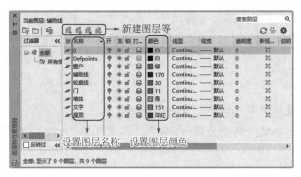

图4-3

【设置图层】

设置 1   单击 图标，创建新的图层，并根据实际工程需要更改图层名称，名称可以是中文、英文、拼音等。

菜鸟：我需要 10 个图层，直接点击十次，很快就完成了。

学霸：这样不行，直接点击建立的图层名称是默认的图层 1、图层 2 等，没有识别性，所以必须通过命名确定。

菜鸟：那就是要新建一个图层，改名，再新建图层了？

学霸：是的，不过在这个过程中，新建图层，直接改名后，可以按英文的"，"或者按两次【ENTER】快速新建图层并改名。

设置 2   单击 图标，创建新图层，然后在所有现有布局视口中将其冻结。可以在"模型"选项卡或布局选项卡上访问此按钮。

设置 3   单击 图标，删除选定图层。只能删除未被参照的图层。参照的图层包括图层 "0" 和 "Defpoints"、包含对象（包括块定义中的对象）的图层、当前图层以及依赖外部参照的图层。局部打开图形中的图层也被视为已参照，不能删除。

设置 4   单击 图标，将选定图层设置为当前图层，将在当前图层上绘制创建的对象。

设置 5   打开 / 关闭：单击 位置，可以打开和关闭图层。

打开：可显示、打印和重生成图层上的对象。

关闭：不显示、不打印图层上的对象。

设置 6   解冻 / 冻结：单击 位置，可以冻结和解冻图层。

解冻：可显示、打印图层上的对象。

冻结：不显示、不打印图层上的对象。

冻结所有视口中选定的图层，包括"模型"选项卡。可以冻结图层来提高【ZOOM】、【PAN】和其他视图操作的运行速度，提高对象选择性能并减少复杂图形的重生成时间。

设置 7   解锁 / 锁定：单击 ，可以锁定和解锁图层。

锁定：不能修改图层上的任何对象，仍可以将对象捕捉应用到锁定图层上的对象，并可以执行不修改编辑这些对象的其他操作。

解锁：可以修改图层上的对象。

设置 8   颜色：单击 151 位置，为每个图层设置不同的颜色。颜色是图层便于区分的彩色标签。单击颜色名可以显示"选择颜色"对话框。选择颜色区分明显的色彩，分别给不同的图层。

设置 9　线型：单击 Continuous 位置，可以弹出“选择线型”对话框。根据对话框的提示进行选择。

设置 10　线宽：单击—— 默认位置，弹出“线宽”对话框，可以为每个图层设置不同的线宽。

设置 11　透明度：点击透明度处默认的值“0”，弹出“透明度”对话框，可以设置图层对象的透明度。

设置 12　打印：单击位置，控制是否打印选定图层。即使关闭图层的打印，仍将显示该图层上的对象，但不会打印已关闭或冻结的图层。

提示：

本章所学图形绘制过程中，首先学会三项设置：第一新建图层；第二设置对应图层名称；第三设置对应图层颜色。

4.2.2　图层面板

功能区的图层面板，集中了图层操作的各种快捷工具，如图 4-4 所示，可以方便地进行各种图层操作，如图层的打开关闭、冻结解冻、锁定解锁、置为当前等命令。

设置 1　单击图层特性图标，作用相当于执行 LA 命令，可以打开图层特性管理器。

设置 2　单击图标，关闭选定对象的图层。通常情况下当前图层不能关闭，如果出现如图 4-5 所示的提示，就是要我们判断是否关闭当前图层。

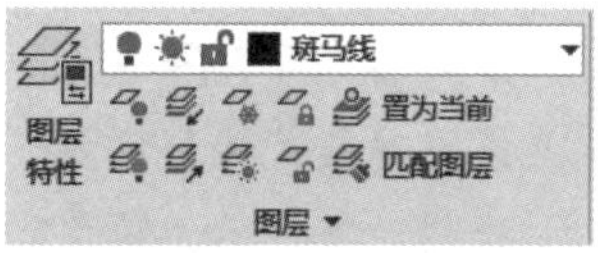

图4-4

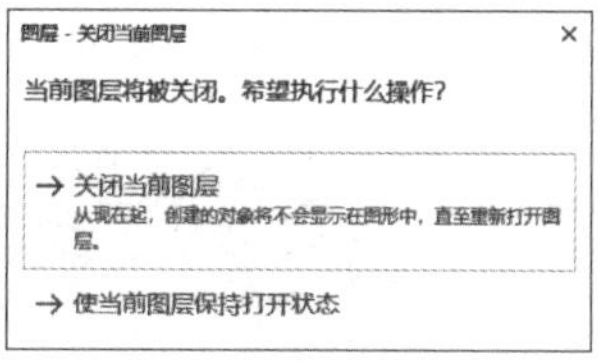

图4-5

设置 3　单击图标，隔离。根据当前设置，可以完成让选定对象之外的所有图层均关闭、锁定和淡入或在当前视口中冻结或锁定。

设置 4　单击图标，冻结。冻结选定对象的图层。当前对象的图层不能冻结。

设置 5　单击图标，锁定。锁定选定对象的图层。当前对象的图层可以锁定，锁定的图层可以作为参考，但不可被编辑。

设置 6　单击图标，置为当前。作用是可以通过选定当前对象的图层设置为当前图层。

设置 7　单击图标，打开所有图层。

设置 8　单击图标，取消隔离。反转之前的隔离命令，图层恢复隔离命令之前的状态，但隔离命令之后对图层设置所做的任何其他更改都将保留。

设置 9　单击图标，解冻所有图层。

设置 10　单击图标，解锁选定对象的图层。

设置 11　单击图标，匹配图层。作用是将特定对象的图层更改为与目标图层相匹配。如果在错误的图层上创建了对象，单击该工具，选择错误对象，再单击正确图层参考对象，就可以将该对象更改到正确图层上。

设置 12　单击图标，上一个。作用是放弃对当前图层的上一个或上一组修改。

使用"上一个"时，可以放弃使用"图层"控件或图层特性管理器最近所做的修改（或一组修改）。用户对图层设置所做的每个更改都将被追踪，并且可以使用"上一个"放弃所做的更改。

可以使用"上一个"放弃对图层设置所做的更改。例如，如果冻结了若干个图层，并更改了图形中的某些几何图形，然后要解冻冻结的图层，则可以使用单个命令来执行此操作，但不影响对几何图形所做的更改。又比如，如果在更改了若干个图层的颜色和线型之后，又决定要使用更改前的特性，可以使用"上一个"放弃所做的更改，并恢复原始图层设置。

4.2.3 图层与对象特性

在功能区的特性面板中，集中了与图层相关的图形对象的特性设置，比如图形对象的颜色、线型、线宽等，如图 4-6 所示。单击右侧的下拉箭头，即可进行相应的设置。

图4-6

基本特性可以通过图层指定对象，也可以直接指定对象。如果将特性设置为"ByLayer"，则绘制的对象与其所在图层特性一致。例如，如果把"墙体"图层的对象特性颜色设置为"ByLayer"，把"墙体"图层的颜色设置为绿色，那在该图层绘制的对象为绿色。

如果把"墙体"图层对象特性颜色设置为青色，把"墙体"图层的颜色设置为绿色，那在该图层绘制的对象为青色。

菜鸟： 这个地方说得我太迷糊了，能不能给我举个例子？

学霸： 好的，那么你看图 4-7 和图 4-8 所示的操作就明白了。

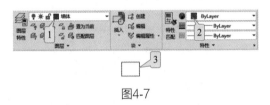

① 设置墙体颜色为绿色。
② 设置对象特性颜色为"ByLayer"。
③ 绘制对象显示为绿色。

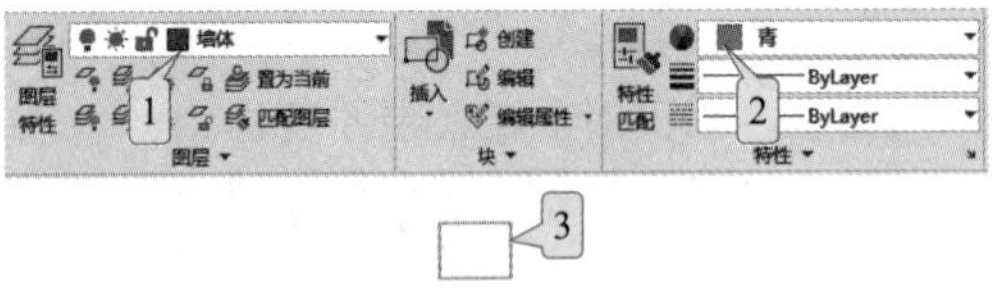

图4-7

① 设置墙体颜色为绿色。
② 设置对象特性颜色为"青"色。
③ 绘制对象显示为青色。

图4-8

4.3 绘制立面窗户图

【学习目标】

与上一章绘制的窗户尺寸相同，不过本案例细致程度提高，通过图 4-9 立面窗户图，可以看出是推拉窗。该图例是由 6 个矩形组成的，而绘制每个矩形需要两个点，那么需要确定如图 4-9 所示的 12 个点。通过辅助线找到对应的 12 个点，就能方便地绘制窗户的矩形。

学习的命令有【O】（OFFSET）偏移、【L】（LINE）直线、【REC】（RECTANGL）矩形、【M】（MOVE）移动命令等。

 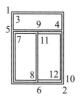

【作图步骤】

步骤 1　创建图层

输入【LA】，确定，执行图层命令，打开图层特性管理　　　　　　　　图4-9
器，根据案例需要创建辅助线和窗户两个图层，设置相应的颜色，并将辅助线图层设为当前图层。

步骤 2　绘制两条辅助线

输入【L】，确定，执行直线命令，绘制一条长度 2000 的水平线，一条长度 2500 的垂直线，方向距离输入最为方便。

如果两条线的相交关系不好，可以通过【M】移动命令，将绘制好的两条线移动到相交位置，以方便偏移复制形成辅助线。

步骤 3　偏移复制其他辅助线

上一章学习了复制命令，这一章学习偏移命令，也是复制命令的一种，执行偏移命令对于复制间距相同的对象更方便。

执行偏移命令的步骤是先指定偏移距离，然后指定偏移方向，如果偏移距离相同，可以连续指定对象和方向，我们先偏移得到窗户的外框尺寸辅助线。

输入【O】，确定，执行偏移命令，输入 2000，确定，选择水平辅助线，在上方单击左键，完成水平方向第二条辅助线的偏移复制，如图 4-10 所示。

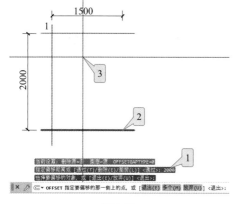

图4-10

输入【O】，确定，执行偏移命令：
① 输入偏移距离 2000，确定。
② 点选水平辅助线。
③ 在上方点击左键完成第二条水平辅助线的偏移复制。

按【SPACE】键，重复执行偏移命令，输入 1500，确定，选择垂直辅助线，在右侧单击左键，完成垂直方向第二条辅助线的偏移复制。

这样就得到了窗户外框的点 1 和 2。

菜鸟：我怎么没有发现速度快，感觉和复制命令差不多呢。

学霸：别着急，这只是学会偏移的步骤，接下来继续重复执行偏移命令，输入偏移距离 50，可以快速得到更多的辅助线。

有没有发现，遇到同样偏移量 50，只要输入 50，确定后，依次选择对象并指定偏移方向，绘图速度比复制命令提高了，如图 4-11 所示。

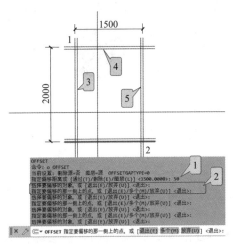

图4-11

按【SPACE】键，重复执行偏移命令：

① 输入偏移距离 50，确定。

② 选择对象，指定偏移方向。

③ 偏移得到一条辅助线。

④ 偏移得到第二条辅助线。

⑤ 偏移得到第三条辅助线。

继续执行偏移命令，根据相应距离输入对应的偏移量，完成后的辅助线如图 4-12 所示。

步骤4 绘制窗户线

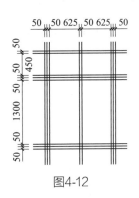

图4-12

单击图层面板中的下拉条，将门窗图层置为当前图层。

输入【REC】，确定，执行矩形命令，按【F3】，打开对象捕捉，依次捕捉点 1、2，完成外框矩形，然后重复执行矩形命令，以点 3、4，点 5、6，点 7、8，点 9、10，点 11、12 为对角点分别绘制矩形。

单击图层面板的 图标，单击任意一条辅助线关闭辅助线图层，可以看到完成后的窗户图。

步骤5 填充窗户

输入【H】，确定，执行填充命令，选择一种渐变色填充窗户的矩形区域，完成图例绘制。

4.4 绘制小型建筑立面图

【学习目标】

绘制如图 4-13 所示的小型建筑立面图，关键是要找到合适的切入点，即第一条线从何画起。其实我们记住在工程图纸的绘制过程中，辅助线是首先要完成的，因而最初就是要绘制辅助线。另一方面为更好实现对复杂图形的管理，就要有图层，所以，先创建图层，再按照图层从辅助线开始绘制各图层对象，才是正确的思路。

学习的命令有【O】（OFFSET）偏移、【AR】（ARRAY）阵列、【T】（MTEXT）多行文字、【L】（LINE）直线、【REC】（RECTANGL）矩形命令等。

【作图步骤】

步骤1 创建图层

输入【LA】，确定，打开图层特性管理器，根据案例需要建立辅助线、墙线、屋顶、门、

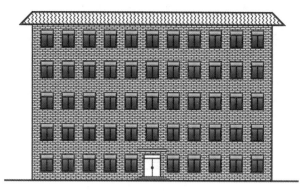

南立面图　1:100

图4-13

窗户、文字、轮廓线等图层，图层的名称要及时修改，可以使用中文、拼音、英文等，不能使用默认的图层 1、图层 2、图层 3 等。

新建完所有图层，并更改图层的颜色，为每一个图层选用特定的颜色，结果如图 4-14 所示。

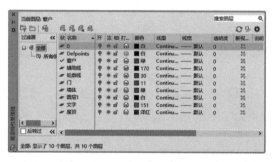

图4-14

步骤 2　绘制辅助线

将辅助线图层置为当前图层。

提示：

点击新建图层图标创建第一个图层并修改名称后，第二个图层新建时不需要再次点击图标，而是通过输入英文状态的"，"，或按【ENTER】键两次。

务必要注意，在新建图层后请直接输入图层名称。

先绘制水平辅助线 1，输入【L】，确定，执行直线命令，指定任意点为起点，按【F8】打开正交模式，将十字光标右移，输入尺寸 33000，确定。重复执行直线命令，绘制竖直辅助线 2，指定起点在线 1 起点附近，十字光标上移，输入尺寸 21000，确定。

输入【O】，确定，执行偏移命令，输入 19500，确定，选择线 1 向上偏移，得到线 3。重复执行偏移命令，输入 31500，确定，选择线 2 向右偏移，得到线 4。

重复偏移命令，输入偏移距离 1500，确定，分别将辅助线 2 向右偏移，辅助线 3 向下偏移，辅助线 4 向左偏移。继续偏移距离 1000，获得窗户位置的辅助线，完成后的辅助线如图 4-15 所示。

步骤 3　绘制屋顶

将屋顶图层置为当前图层。

输入【REC】，确定，执行矩形命令，捕捉图 4-16 所示的点 1 和 2，绘制一个矩形。

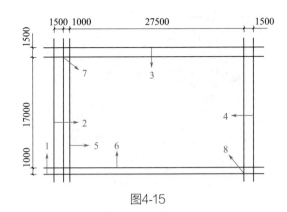

图4-15

输入【O】确定，执行偏移命令，输入偏移距离100，确定，将矩形向内偏移，获得双线的屋顶矩形。

图4-16

输入【L】，确定，执行直线命令，分别捕捉图4-16所示的点1、3和4、5获得两条屋顶转角的斜线。

输入【O】确定，执行偏移命令，确定重复偏移距离100，将两条斜线向下偏移，获得双线的转角斜线。完成后结果如图4-17所示。

图4-17

菜鸟： 在执行偏移命令时，为什么点击后，没有在我想要的一侧复制出来对象呢？

学霸： 执行偏移命令过程中，选择对象偏移到哪一侧时，请务必注意对象捕捉打开时的影响，如果对象捕捉打开，在选择偏移方向的时候容易捕捉到不想偏移那一侧的点。如果用户偏移产生的对象出现错误，请核实是否是这个问题。

输入【TR】，确定，执行剪切命令，点击多余线段，完成的效果如图4-18所示。

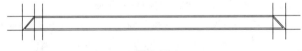

图4-18

点击图层面板上的 按钮，单击辅助线图层上的任意图形，将辅助线图层关闭。

输入【H】，确定，执行填充命令。在填充选项中选择图案"ZIGZAG"，如果用户感觉利用图案选择的下拉箭头不好选择的话，可以点击 按钮，在弹出的图案中选择位于底端的"ZIGZAG"图案。设置相应的比例和角度，填充后得到如图4-19所示的图案。

步骤4 立面窗户

在4.3节已绘制完成窗户，现在只需要将窗户移动或者复制到对应的辅助线5和6的交点处即可。

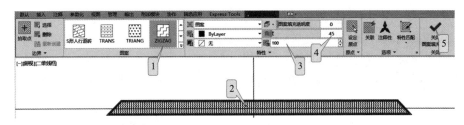

① 单击图案下拉箭头，选择"ZIGZAG"图案。

② 单击屋顶内任意点，显示预览填充效果。

③ 设置特性中的填充比例 100。

④ 设置特性中的角度 45。

⑤ 按【SPACE】或"√"完成填充。

图4-19

　　输入【CO】，确定，执行复制命令，窗口选择窗户，确定，捕捉窗户左下角点为基点，捕捉对应辅助线 5 和 6 的交点为第二点，复制到立面图中，如图 4-20 所示。

　　步骤 5　阵列复制窗户

　　在第 3 章的简单立面图，获得多个窗户的做法是通过【CO】复制命令完成的，而对于案例中水平垂直方向规律排布的窗户，在复制时可以采用阵列方式。

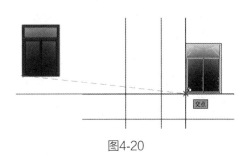

图4-20

　　输入【AR】，确认，选择窗户，确认，默认"矩形"阵列方式（如果不是，则需要输入"R"，确定），此时在 Ribbon 功能区弹出阵列创建选项卡，如图 4-21 所示，绘图区也出现相应的预览阵列效果。

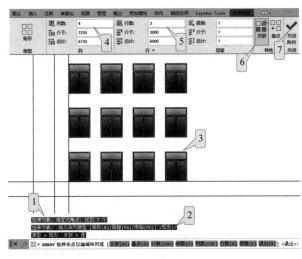

图4-21

输入【AR】，确定，执行阵列命令：

① 选择对象，确定。

② 确定，默认选择矩形阵列。

③ 预览阵列效果。

④ 设置列参数，需要输入列数和介于（间距）。

⑤ 设置行参数，需要输入行数和介于（间距）。

⑥ 设置对象是否关联。

⑦ 按【ENTER】或此处完成填充。

　　在阵列创建选项栏中需要用户对列参数和行参数等进行设置，输入相应数值后，预览会即时显示，用户通过观察预览效果可以调整相应参数。

在特性中有一个是关联选项，选择关联后，阵列完成的对象是一个整体，便于选择和修改。通过编辑阵列源对象，能够让关联的所有对象实时更新。但如果用户需要删除其中的对象，不能直接删除，只能分解后再删除，因此，要根据实际需要判断是否选择关联选项。

根据本图例需要删除一个窗户改为门的要求，这里应该选择非关联，输入参数后的阵列创建如图 4-22 所示。

图4-22

阵列完成后，删除第一层的中间窗户。

菜鸟：执行阵列命令时，要不要先把窗户图层置为当前图层？

学霸：这个就不需要了，阵列、复制、移动等编辑命令通常是不需要转换图层的，大多数的编辑命令获得的新对象都跟随原图层对象特性。

步骤 6　绘制墙体

为了方便确定门和台阶位置，先绘制墙体的矩形。把墙体图层置为当前图层。

输入【REC】，确定，执行矩形命令，捕捉墙体辅助线的点 7 和 8 作为矩形的对角点，完成矩形后关闭辅助线图层，效果如图 4-23 所示。

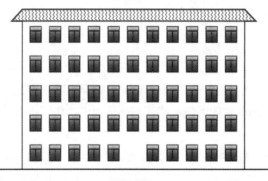

图4-23

步骤 7　绘制台阶

由于建筑物在入口处设有高差，解决高差通常都是通过台阶，那么在门的下方就需要绘制相应的台阶。假设这里的高差为 450mm，每一步台阶 150mm 高，那么就需要三步台阶，台阶在立面图的投影是矩形，所以这里还是用矩形命令来绘制。

我们假设台阶是三面都可以上人，台阶形成的投影是类似金字塔形式，这里绘制的三步台阶的矩形尺寸分别是 4100mm×150mm，3500mm×150mm，2900mm×150mm，绘制矩形时采用相对坐标输入方式。

绘制完成的三个台阶要对齐放置，利用【M】移动命令，分别捕捉对应矩形的中点到中点，再把完成后的三步台阶移动到建筑的中间位置，同样也是捕捉中点到中点，结果如图 4-24 所示。

步骤 8　绘制立面门

将辅助线图层置为当前图层。

绘制门的辅助线，执行【L】直线命令，绘制一条水平线长度 2500mm，一条垂直线长度 3000mm。然后按照如图 4-25 所示的尺寸进行偏移。

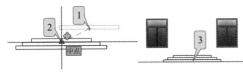

① 移动的基点为矩形中点。

② 移动到的第二点为矩形中点。

③ 把三个矩形移动到墙面底部中点位置。

图4-24

💡 提示：

　　利用偏移命令复制对象时，如果连续偏移相同的尺寸，尽可能充分利用，比如这里可以先得到外框尺寸，则可以同时向内偏移50得到三条辅助线。

　　将门图层置为当前图层。

　　输入【REC】，确定，执行矩形命令，与绘制窗户一样选择矩形的各个对角点，完成门的矩形。

　　再绘制门把手，输入【C】，确定，执行圆命令，捕捉门中线的中点为圆心，绘制一个半径100mm的圆。然后通过【O】偏移命令，将圆向外偏移距离20。

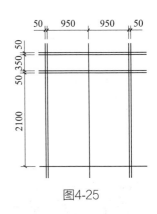

图4-25

　　输入【M】，确定，执行移动命令，捕捉中点到中点，移动门到墙体的中间位置，并且要在台阶的上方，完成后的效果如图4-26所示。

　　步骤 9　绘制雨篷

　　输入【REC】，确定，执行矩形命令，绘制一个尺寸为3500mm×200mm的矩形。

　　输入【M】，确定，执行移动命令，将矩形移动到门的正上方，距离门上方500mm的中间位置，就得到雨篷，如图4-27所示。

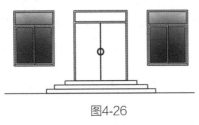

图4-26 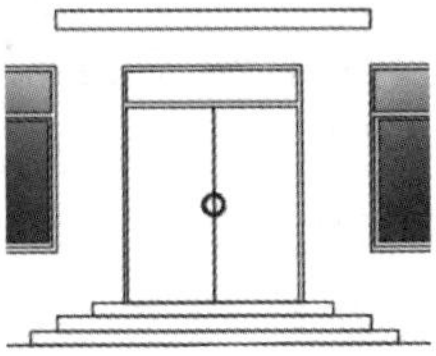　　　　　　　　　　　　　　　　图4-27

　　菜鸟：怎么能直接移动到某一点上方的500mm距离处呢？

　　学霸：执行移动命令时，选择基点和第二点采用第三种方式，通过捕捉获得准确的点，基点捕捉矩形的中点，关键是第二点怎么捕捉到某一点上方？这里有两个方法，一个是打开对象捕捉追踪，另一个是在对象捕捉设置中选择"延伸"。这两种方法的操作步骤一样，都是捕捉到延伸线上的点，可以在延伸线上单击左键，也可以通过输入距离值确定，如图4-28所示。

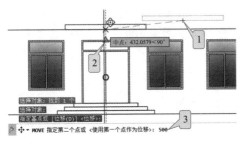

图4-28

① 移动的基点为矩形中点。

② 移动到的第二点在门的顶端矩形中点驻留并向上移动光标，此时会出现一条延伸虚线，这时就会出现延伸捕捉点。

③ 输入500，表示门的中点位置向上的距离值，也就确定了延伸捕捉点。

步骤 10 填充墙体图案

关闭辅助线图层，将墙体图层置为当前图层。

输入【H】，确定，执行填充命令，修改填充图案和参数，如图 4-29 所示。

图4-29

菜鸟：我的图案填充后，窗户内部被填充了，有什么快速解决办法吗？

学霸：这个好办，单击选中填充图案，单击选项下箭头，再点击普通孤岛检测右侧的箭头，选择外部孤岛模式，此时预览填充效果就改好了，确定结束，如图 4-30 所示。

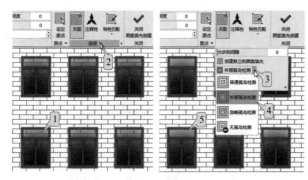

单击选择填充区域：

① 原有图案在窗户内部也有填充。

② 单击选项下箭头。

③ 单击普通孤岛检测右侧的下箭头。

④ 选择外部孤岛检测。

⑤ 图案填充调整完毕。

图4-30

步骤 11 绘制轮廓线和地面线

在建筑制图规范中，立面图绘制时通常采用不同的线宽，其中地面线用粗实线，轮廓线用中粗线。所以这里就需要绘制带有线宽的线，在 AutoCAD 中带有线宽的线通常是用【PL】多段线命令来绘制，执行该命令的步骤有一些复杂，如同复杂的矩形命令，需要通过设置子命令来修改相应的参数。

输入【PL】，确定，执行多段线命令，指定图形的第一点，这时捕捉地面线的左侧点，然后输入 "W"（线宽），确定，先指定起点宽度，比如 100，确定，再指定结束点宽度，默认重复起点宽度 100，按【SPACE】确定即可，此时绘图区显示的多段线才变为粗线，捕捉地面线右侧的点，按【SPACE】确定，结束命令，完成地面线的绘制，如图 4-31所示。

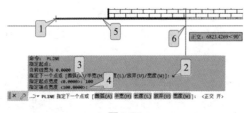

① 通过延伸捕捉点指定多段线第一点。

② 输入 "W"，确定，修改宽度。

③ 输入 100，确定，指定起点宽度。

④ 确定，重复 100，指定结束点宽度。

⑤ 此时绘图区显示为线宽 100 的粗线。

⑥ 移动光标指定下一点。

图4-31

按【SPACE】，重复执行多段线命令，捕捉墙线的左下角点，输入参数 "W"，确定，指定起点宽度 50，确定，指定结束点宽度，按【SPACE】重复 50，分别捕捉建筑物立面外围各点，直到墙线的右下角。完成轮廓线和地面线后的效果如图 4-32 所示。

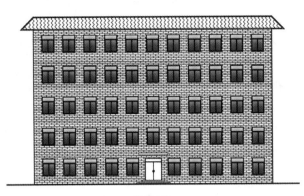

图4-32

步骤 **12**　书写图名

在完成了图形的绘制后，通常需要书写图名，这就要用文字命令。在 AutoCAD 中，文字命令主要有两种，一是多行文字【T】，二是单行文字【DT】，我们先学习多行文字。

多行文字的命令为【T】（Mtext），执行该命令后界面与 Word 软件界面很相似，所以用户对 Word 熟悉的话，很容易学会如何设置文字。

将文字图层置为当前图层。

输入【T】，确定，执行多行文字命令，在书写文字的地方指定起点，再指定对角点，这就类似于在 Word 中插入文本框，不过在 AutoCAD 中框是看不到的，隐形的，如图 4-33 所示。

① 指定文本框起点。
② 指定文本框对角点。
完成文本框后即可输入文字。

图4-33

指定对角点后，功能区就弹出文本编辑器选项卡，如图 4-34 所示。输入内容"南立面图1 ∶ 100"，然后设置字体字号等内容，注意这里的"南立面图"字号设置为 800，"1 ∶ 100"字号设置为 600，字体可以设置为仿宋体，设置完成可以在文字以外的空白处点击鼠标左键结束，也可以点击文字编辑器的右上角确认结束。

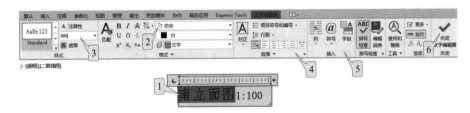

① 文本框内输入文字内容后，选中需要设置的文字。
② 设置字体样式。
③ 设置字号大小。
④ 如果是段落文字，设置段落格式。
⑤ 如果需要特殊符号等，可以在此选择。
⑥ 单击此处确定，或者在文字框以外的区域单击左键。

图4-34

为了让图名更加醒目，通常会在图名下方绘制一条粗实线和一条细实线。

输入【PL】，确定，执行多段线命令，输入"W"设置相应的线宽，在文字下方绘制一条粗实线。

输入【L】，确定，执行直线命令，绘制一条细线，此时捕捉直线的起点和结束点可以利用正交模式和捕捉延伸点，如图4-35所示。

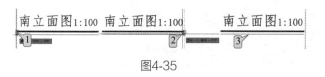

① 延伸捕捉粗实线起点。
② 延伸捕捉粗实线结束点。
③ 完成细实线。

图4-35

痛点解析

痛点1　设置图层后绘图还是黑色

菜鸟：我的图层都设置好了，可是为什么我绘制出来的图形都是黑色呢？

学霸：第一个原因是虽然新建了多个图层，但是没有设置对应图层的颜色；第二个是设置好了图层颜色，但是绘图时忘记置为当前图层，所绘制的对象还是都在"0"层中；第三个是前两个原因的问题都没有，但是修改了功能区特性选项卡的颜色，原来的"ByLayer"可能被改为了"黑"色。

痛点2　绘制不出圆角矩形

菜鸟：绘制矩形时，我设置好了矩形的圆角是500，可是绘制出来的还是正常的矩形，没有圆角。

学霸：这可能是因为圆角值设置过大。当前的屏幕视图范围小，单击任意点为矩形一个角点后，另一点在可视范围内距离第一个角点太近。而要绘制出圆角，则矩形的边长至少大于1000。此时可以通过滚动中间滚轮来缩小视图，从而获得想要的圆角矩形，如图4-36所示。

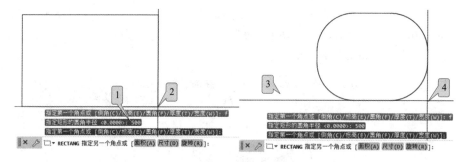

① 执行矩形命令，设置圆角值为500。
② 单击任意点为矩形一个角点，移动光标指定第二点不能出现圆角矩形。
③ 向下滚动中间滚轮，缩小视图显示。
④ 移动光标，到边长超过1000时出现圆角矩形。

图4-36

痛点3　绘制的多段线像个三角形

菜鸟：为什么我绘制的【PL】多段线不是粗线，我也设置了线宽，可怎么像个三角形一样？

学霸：因为设置多段线的线宽需要指定两个宽度，起点宽度和端点宽度，提示起点宽度输入了 100，提示端点宽度没有按【SPACE】确定端点宽度，直接在图示位置单击左键，系统则按起点和端点的距离作为端点的宽度，结果与预期不符，如图 4-37 所示。

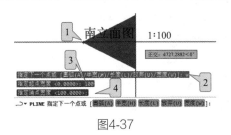

图4-37

① 指定任意点为第一点。

② 输入 "W"，确定，设置线宽。

③ 指定起点宽度 100，确定。

④ 此处没有按【ENTER】键确定端点宽度，而在图示位置单击左键，按起点和端点的距离作为端点宽度。

痛点 4　设置了文字 800，还是看不到文字

菜鸟： 我按照步骤设置了文字，可是怎么还是看不到文字？

学霸： 这可能有两个原因，一是在输入文字字号 800 后，没有按【ENTER】键确定；二是修改字号大小之前需要先选中文字，如图 4-38 所示。

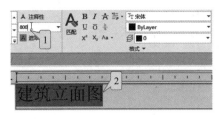

图4-38

① 输入 800，必须要按【ENTER】键确定。

② 必须要先选中需要修改字号的文字。

痛点 5　绘制不出图形

菜鸟： 你看我的步骤没有错误，可不管是绘制直线还是圆，都没有呢？

学霸： 这是设置图层作图后常见的问题，你不小心关闭了当前图层，所以绘制的对象就不见了，打开图层显示就会发现你刚才绘制的所有对象。其实之前系统应该出现过如图 4-39 所示的提示，只不过你没有仔细去看，直接按了确定键，忽略了问题。

图4-39

放大招

大招 1　绘制与 x 轴夹角 30° 的矩形

矩形命令其实非常强大，不仅可以绘制本章讲述的平面图形，还可以绘制三维对象，而且可以很方便地绘制带有旋转角度的矩形。

方法是在执行矩形命令时，首先指定第一个角点，再通过面积、尺寸、旋转三个选项中的旋转选项设置进行限定，最后指定另一个角点，如图 4-40 所示。

菜鸟： 我学会了，真挺好用。可是我发现，再想绘制一个普通矩形又不行了，总是有倾斜角度。

学霸： 在结束带倾角的矩形命令后，如果重复执行矩形命令，命令行窗口的提示内容增加一行 "当前矩形模式：旋转＝ 30"，也就是默认执行上一次的设置值。因此如果想绘制一个普通矩形，那就要恢复为正常状态，此时的步骤和设置倾角 30° 一样，把倾角设置为 0°，如

图 4-41 所示。

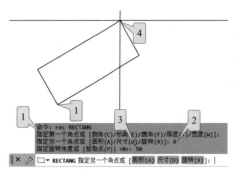

输入【REC】，确定，执行矩形命令：

① 指定任意点为第一角点。

② 输入"R"，确定。

③ 输入 30，确定。

④ 移动光标，观察矩形已经是倾斜 30°的方向，此时可以指定另一角点。

图4-40

① 多一行提示"当前矩形模式：旋转 = 30"。

② 输入"R"，确定。

③ 输入 0，确定。

恢复正常模式，指定另一角点即可。

图4-41

大招 2　绘制边长 300×500，与 x 轴夹角 30°的矩形

菜鸟：刚才绘制的倾角矩形不好限定尺寸呀，如果我要绘制一个宽 300、长 500 的矩形，怎么办呢？

学霸：执行矩形命令，当指定第一角点后，提示行窗口除了旋转选项，还有两个选项，即面积和尺寸。我们有两种方法来绘制具体尺寸的倾斜矩形。

方法一：尺寸限定绘制矩形。

输入【REC】，确定，执行矩形命令。命令行提示"当前矩形模式：旋转 = 30"，指定矩形的第一角点，输入"D"，确定，根据提示输入矩形的长度、宽度，指定矩形的另一角点，完成矩形的绘制，如图 4-42 所示。

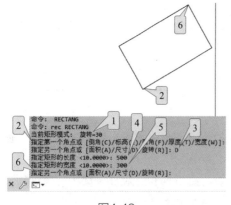

① 当前矩形模式：旋转 = 30。

② 指定任意点为第一角点。

③ 输入"D"，确定。

④ 输入 500，确定，指定矩形的长度。

⑤ 输入 300，确定，指定矩形的宽度。

⑥ 可以选择在第一角点的左上、左下、右上、右下四个位置单击左键，指定矩形的另一角点。

图4-42

方法二：面积限定绘制矩形。

按【SPACE】，重复执行矩形命令，指定矩形的第一角点，输入"A"，确定，输入150000，确定，指定矩形的面积，接下来的这一步骤很关键，很多初学者容易犯错误，命令行提示的是"计算矩形标注时依据"，默认为长度，按【SPACE】，确定。然后输入矩形的长度

500，矩形就自动出现了，此时不需要指定另一角点，与上述方法不一样，如图 4-43 所示。

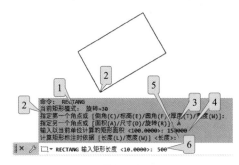

图4-43

① 当前矩形模式：旋转＝ 30。

② 指定任意点为第一角点。

③ 输入"A"，确定。

④ 输入 150000，确定，指定矩形的面积。

⑤ 按【SPACE】，确定以长度为依据计算面积。

⑥ 输入 500，确定，指定矩形的长度。

完成矩形（此时不用指定另一角点）。

第5章
进阶图案绘制（一）

 知识图谱

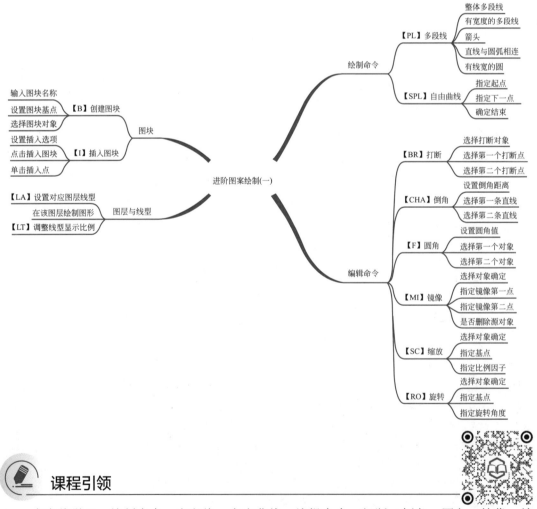

课程引领

本章将学习：绘制命令，多段线、自由曲线；编辑命令，打断、倒角、圆角、镜像、缩放、旋转；图块；图层与线型。从本章起，我们开始绘制进阶图案。绘制进阶图案会用到一些复杂的命令，同时我们也会接触新的功能——图块。

5.1　多段线

5.1.1　多段线的应用

【学习目标】

利用如图 5-1 所示的五种图形，学习【PL】多段线命令，先指定起点，再根据选项设置绘制多样的图案。

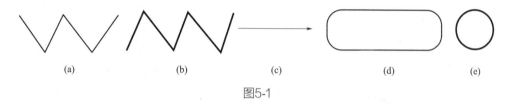

(a)　　　　　(b)　　　　　(c)　　　　　(d)　　　　(e)

图5-1

【作图步骤】

步骤 1　绘制常规多段线

输入【PL】，确定，执行多段线命令，指定任意点为第一个角点，然后指定多个下一点即可。

步骤 2　绘制有线宽的多段线

按【SPACE】，重复执行多段线命令，设置线宽 100，指定多个下一点而得到有线宽的多段线。

步骤 3　绘制箭头

绘制步骤见图 5-2。

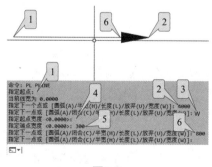

图5-2

按【SPACE】，重复执行多段线命令：

① 指定任意点为第一点。

② 右侧移动光标，输入 4000，确定，指定第二点。

③ 输入 "W"，确定。

④ 按【SPACE】，指定起点宽度为 0。

⑤ 输入 300，确定，指定端点宽度。

⑥ 输入 800，确定，指定箭头端点位置。

确定，结束命令，完成箭头。

步骤 4　绘制直线与圆弧相连的对象

绘制步骤如图 5-3 所示。

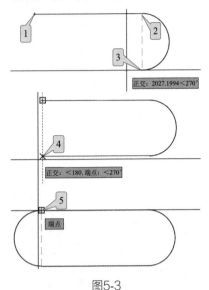

按【SPACE】，重复执行多段线命令：

① 指定任意点为第一点。

② 向右移动光标，输入 4000，确定，指定第二点。

③ 输入"A"，确定，绘制圆弧，输入 2000，确定，指定圆弧直径。

④ 输入"L"，确定，绘制直线，从第一点延伸捕捉。

⑤ 输入"A"，确定，绘制圆弧，捕捉第一点。

确定，结束绘制，完成图案。

图5-3

步骤 5　绘制有线宽的圆

绘制步骤如图 5-4 所示。

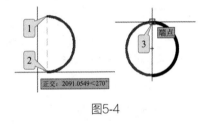

按【SPACE】，重复执行多段线命令：

① 指定任意点为第一点，设置线宽 100。

② 输入"A"，确定，绘制圆弧，输入 2000，确定，指定圆弧直径。

③ 捕捉第一点。

确定，结束命令，完成有线宽的圆。

图5-4

5.1.2　多段线案例——台阶

【学习目标】

通过比较【L】直线命令和【PL】多段线命令绘制相同对象的不同编辑效果，寻找快速绘图的方法。

【作图步骤】

步骤 1　绘制单线台阶图例

输入【L】，确定，执行直线命令，指定任意点为第一个角点，打开正交模式，水平向右移动光标，输入 300，向上移动光标，输入 150，重复进行，完成图例。

输入【PL】，确定，执行多段线命令，与直线命令同样输入，完成，如图 5-5 所示。

① 【L】直线命令绘制的对象。

② 【PL】直线命令绘制的对象。

图5-5

步骤 2 偏移双线台阶

输入【O】，确定，执行偏移命令，输入 50，确定，分别对两个命令完成的对象执行偏移，比较发现，【L】直线命令绘制的图形不仅需要多次偏移，而且得到的图形还不符合要求，而【PL】多段线绘制的图形，一次偏移即可完成最终需要的图形，如图 5-6 所示。

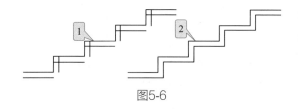

① 【L】直线命令绘制的对象偏移结果。
② 【PL】直线命令绘制的对象偏移结果。

图5-6

5.1.3 多段线案例——跑道

【学习目标】

绘制一个 400m 标准跑道。标准跑道的直段为 84390mm，内圈弯道直径为 73000mm，跑道最小宽度为 1220mm。

【作图步骤】

步骤 1 绘制内圈跑道

输入【PL】，确定，执行多段线命令。指定任意点为第一点，光标右移，正交打开，输入 84390，确定，绘制直段，接着输入"A"，确定，绘制圆弧段，输入 73000，确定，再输入"L"，确定，捕捉第一点的延伸点，最后输入"A"，确定，捕捉第一个点，确定结束，完成内圈跑道绘制，如图 5-7 所示。

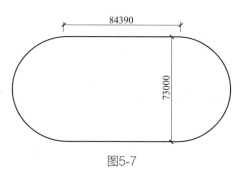

图5-7

步骤 2 偏移跑道

输入【O】，确定，执行偏移命令，输入 1220，确定，单击绘制的多段线，向外侧偏移得到 8 条线，如图 5-8 所示。

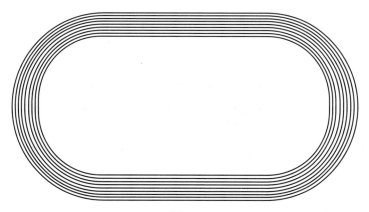

图5-8

5.2　图块应用

5.2.1　图块意义

创建图块就是将多个对象合并为一个对象，以方便在绘图过程中的编辑和修改。

图块有多种，常见的有内部块、外部块、属性块、动态块和注释性块等。

图块的应用：

① 绘制图纸时，经常会出现多个相同对象，或者绘制的图形和已有的图形相同，这时把需要重复绘制的内容创建成图块，然后可以多次插入这些图块。

② 已经存在的图形文件，可以通过图块定义直接插入到现有图形中。

③ 带有文本信息的图形，可以创建带有属性定义的图块，当插入图块时，用户可以重新指定文本信息。

④ 块定义可以包含可向块添加动态行为的元素，这增加了几何图形的灵活性和智能性。如果在图形中插入了带有动态行为的块参照，则可以通过自定义夹点或自定义特性（取决于块的定义方式）来操作该块参照中的几何图形。

5.2.2　定义图块

【学习目标】

图块的定义和插入是非常重要的内容，通过创建如图 5-9 所示的图块，主要学习的命令有【B】（BLOCK）图块的定义、【I】（INSERT）图块的插入，同时练习【A】圆弧命令在绘制圆弧时对象捕捉的灵活运用。

图5-9

【作图步骤】

步骤 1　绘制一片叶子

输入【A】，确定，执行圆弧命令，任意指定三点确定一个圆弧，然后绘制三个圆弧组成一片叶子，如图 5-10 所示。

步骤 2　绘制多片叶子

按【SPACE】，重复执行圆弧命令，完成多片叶子，在绘制过程中，注意叶子的高低错落和叶子的形态。

输入【TR】，确定，执行剪切命令，根据叶子之间的前后关系进行剪切，获得如图 5-11 效果。

步骤 3　绘制花瓣

通过下面的五步操作完成如图 5-12 所示的花瓣效果。

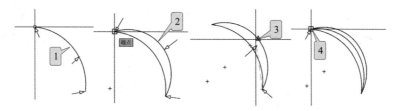

① 绘制第一段圆弧，逆时针方向指定任意三个点为圆弧的起点、第二点和端点。

② 绘制第二段圆弧，三个点分别是第一段圆弧的起点，任意点，第一段圆弧的端点。

③ 绘制第三段圆弧，捕捉起点，但是第二点的选择由于捕捉的影响，不好定位，所以需要按【F3】，关闭对象捕捉。

④ 定位第二点后再按【F3】打开对象捕捉，捕捉端点，完成第三段圆弧。

图5-10

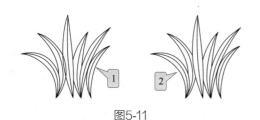

① 重复圆弧命令，绘制多片叶子。

② 执行【TR】剪切命令，根据前后关系剪切对象，完成图案。

图5-11

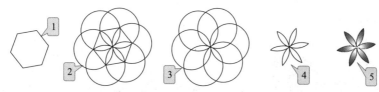

① 输入【POL】，确定，绘制正六边形，根据绘制的叶子尺寸，确定正六边形的半径，尺度控制大小合适即可。

② 输入【C】，确定，执行圆命令，以六边形的六个点为圆心，六边形的边长为半径，绘制六个圆。

③ 输入【E】，确定，执行删除命令，选择六边形删除。

④ 输入【TR】，确定，执行剪切命令，对圆进行剪切得到花瓣。

⑤ 输入【H】，确定，执行填充命令，选择渐变色填充。

图5-12

　　菜鸟：绘制六边形时怎么确定半径呢？

　　学霸：半径的确定有两种方法，一是可以通过键盘输入，二是通过绘图区指定两点之间的距离作为半径。

　　步骤4　定义花瓣图块

　　输入【B】，确定，执行图块命令，弹出"块定义"对话框。这是内部块的定义方法，在该对话框中，通常至少指定三项内容来完成，如图 5-13 所示。

　　菜鸟：在块定义中，不设置基点也可以完成图块，是不是这一步多余呀？

　　学霸：基点就是图块插入点，是我们插入图块时定位的参考点。初学者往往会忽略基点的定义，默认采用原点作为基点。虽然基点的指定可以是任意的，即便是不指定基点，也可以顺利完成块的定义，软件会自动将坐标原点作为图块的基点，只不过，这会给图块插入操作带来诸多不便。如果图块对象离原点很远，当插入图块时会发现图块离光标很远，甚至有时视图内看不到。

输入【B】，确定，打开"块定义"对话框：

① 输入图块名称。

② 指定图块基点。

③ 选择图块对象。

④ 自动预览的图块。

单击确定完成。

图5-13

菜鸟： 那基点选择的原则呢？

学霸： 基点通常会在图形上找一个比较容易定位的点，例如圆形图块通常会用圆心作为基点，矩形图块会用左下角或某一边的中点作为基点，这个主要看图块插入时怎么样定位方便。

　　步骤 5　插入花瓣

　　输入【I】，确定，打开块选项板。块选项板的主要功能是高效地从最近使用的列表或指定的图形中插入块。通过设置不同的比例、是否旋转等，分别在叶子上插入花瓣图块，完成绘制，如图 5-14 所示。

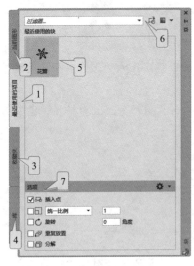

① 显示当前图形中可用块定义的预览或列表。

② 显示当前和上一个任务中最近插入或创建的块定义的预览或列表。这些块可能来自各种图形。

③ 显示收藏块定义的预览或列表。这些块是"块"选项板中其他选项卡的常用块的副本。

④ 显示从单个指定图形中插入的块定义的预览或列表。块定义可以存储在任何图形文件中。将图形文件作为块插入还会将其所有块定义输入到当前图形中。

⑤ 预览窗口。

⑥ 显示过滤器、文件选择、缩略图选项等。

⑦ 选项可以设置插入点、比例、旋转等。

图5-14

菜鸟： 我修改了比例 0.5，是不是要在前面的框中勾选？

学霸： 这个是不需要的，如果需要设置比例、旋转等，直接输入数值就可以实时改变。

菜鸟： 我拖放图块时怎么不能确定插入点了？

学霸： 通常设置好选项的内容后，单击图块返回绘图区放置就可以按照块插入点插入。

菜鸟： "最近使用的项目"选项卡显示的图块太多了怎么办？

学霸： 可以在预览区单击右键，选择删除。

5.3　十字路口平面图

【学习目标】

如图 5-15 所示的十字路口，从十字路口的中心线开始，逐步完成图案。

主要学习的命令有【B】（BLOCK）图块的定义、【I】（INSERT）图块的插入、【BR】（BREAK）打断、【CHA】（CHAMFER）倒角、【F】（FILLET）圆角、【MI】（MIRROR）镜像、【RO】（ROTATE）旋转、【SPL】（SPLINE）样条曲线、【LT】（LINETYPE）线型等。

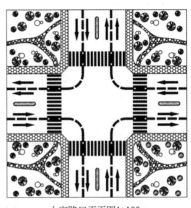

十字路口平面图1∶100

图5-15

【作图步骤】

步骤1　创建图层

输入【LA】，确定，打开图层特性管理器，创建辅助线、道路线、人行道、绿化带、斑马线、车行线、文字等图层，修改名称并设置各图层颜色。

步骤2　绘制辅助线

设置辅助线层为当前图层，绘制辅助线。

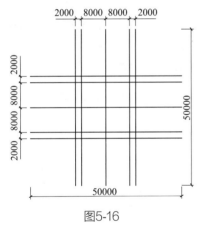

图5-16

输入【L】，确定，执行直线命令，绘制一条长度50000的水平线和一条长度50000的垂直线。

输入【M】，确定，执行移动命令，设置对象捕捉的中点，移动两条辅助线，使得中点对齐，可以得到十字路口的中心线。

输入【O】，确定，执行偏移命令，分别向各自两侧偏移距离8000，再偏移距离10000，这样就可以得到如图 5-16 所示的辅助线。

步骤3　转换图层

把原本属于辅助线层的部分线段转换到道路线图层，如图 5-17 和图 5-18 所示。

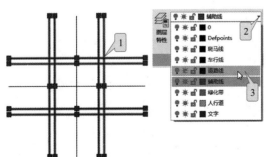

图5-17

方法一：

① 确保命令行中没有命令执行，直接选择所需要转换图层的线段，本图选择除道路中心线以外的其余线段。

② 单击图层选项板位置的下箭头。

③ 单击道路线图层。

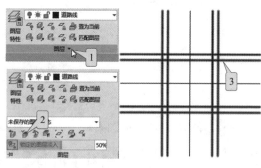

方法二：

① 单击功能区图层选项卡处的下箭头。

② 单击"更改为当前图层"图标。

③ 选择需要转换图层的对象，确定。

图5-18

步骤4 打断道路线

输入【BR】，确定，执行打断命令，先学习一下操作步骤，如图 5-19 所示。

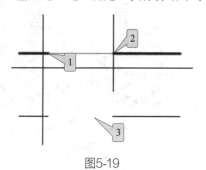

输入【BR】，确定，执行打断命令：

① 选择对象，确定，自动以选择对象位置为打断第一点。

② 移动光标，指定第二点。

③ 完成打断效果。

图5-19

菜鸟：如果我要在这两条线的交点打断，如何操作呢？

学霸：这个就需要在执行完第一步选择对象后，输入"F"，确定，捕捉打断点，如图 5-20 所示。

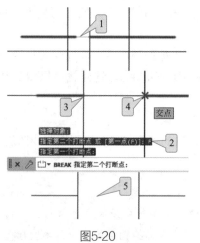

输入【BR】，确定，执行打断命令：

① 选择对象，确定，自动选择对象位置为打断第一点。

② 输入"F"，确定。

③ 捕捉第一点，这里捕捉到交点。

④ 捕捉第二点。

⑤ 打断效果。

图5-20

因为接下来要通过打断后的对象进行倒角和圆角，因而对于打断的长短和位置没有要求，只要将线段打断为两段即可，完成后的效果如图 5-21 所示。

步骤5 道路倒角

输入【CHA】，确定，执行倒角命令，对两条不平行的线段进行倒角。该命令关键就是设置两段倒角的距离值，两段距离可以相同也可以不同，如图 5-22 所示。

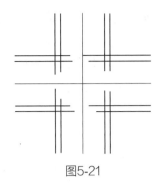

图5-21

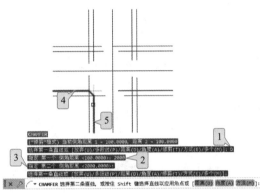

图5-22

输入【CHA】，确定，执行倒角命令：

① 输入"D"，确定，设置倒角。

② 输入 2000，确定，设置第一个倒角距离。

③ 确定，重复输入 2000，设置第二个倒角距离。

④ 选择第一条直线。

⑤ 选择第二条直线。

步骤 6　道路圆角

输入【F】，确定，执行圆角命令，对两条线段进行圆角，该命令关键就是设置圆角的半径，如图 5-23 所示。

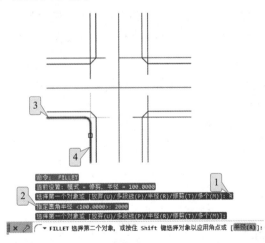

图5-23

输入【F】，确定，执行圆角命令：

① 输入"R"，确定，设置圆角。

② 输入 2000，确定，设置圆角半径。

③ 选择第一条直线。

④ 选择第二条直线。

步骤 7　填充人行道

将辅助线图层置为当前图层。

输入【REC】，确定，执行矩形命令，绘制一个尺寸为 50000×50000 的矩形。

输入【M】，确定，执行移动命令，捕捉矩形的中心点为基点，按【F11】打开对象捕捉追踪，可以沿着基于对象捕捉点的对齐路径进行追踪。已获取的点将显示一个小加号。获取点之后，当在绘图路径上移动光标时，将显示相对于获取点的水平、垂直或极轴对齐路径。例如，可以基于对象端点、中点或者对象的交点，沿着某个路径选择一点。

基于矩形两个边的中点，沿着水平和垂直线的延伸交点捕捉，如图 5-24 所示。

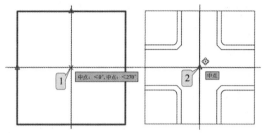

① 对象捕捉追踪两个边中点的延伸交点为移动基点。

② 捕捉十字路口中心两条辅助线的交点为移动的第二点。

图5-24

将人行道图层置为当前图层，执行【H】填充命令，选择"HONEY"图案，调整比例为300，完成效果如图 5-25 所示。

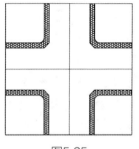

步骤 8　绘制四角绿化

将 0 层设置为当前图层。

参照第 2 章的做法，绘制树的平面图。因为本案例需要多个相同的树的图例，只是大小尺寸不同，所以需要将树的平面图定义为图块。

图5-25

菜鸟：我们要绘制绿化，可怎么将 0 层置为当前图层了？

学霸：这个就是定义图块的技巧了，先不讲原因，跟着下面的步骤继续学习，看看你的领悟能力如何。

将绿化图层置为当前图层。

输入【I】，确定，打开插入块选项卡，在"最近使用的项目"中会有刚刚完成的图块。设置相应的比例，插入图块中。为了丰富效果，执行圆命令和剪切命令作几个简单图案，最终效果如图 5-26 所示。

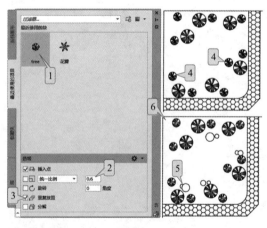

① 选择插入块选项卡中的"TREE"图块。

② 输入比例 0.6。

③ 复选"重复放置"。

④ 在绘图区左键单击，多次放置图块。

⑤ 绘制简单圆，并执行剪切。

⑥ 完成绿化效果。

图5-26

学霸：插入图块"TREE"后，你有什么发现？

菜鸟：我发现本来在 0 层绘制的树，定义成图块后，插入到绿化图层，并没有 0 层的特性，反而都是绿化图层的特性。

学霸：是的，这就是为什么在 0 层绘制对象定义图块的目的。这也就告诉我们，通常的图块是在 0 层绘制并完成定义的，只有这样，在任意图层插入后，才会跟随插入图层的特性。

步骤 9　绘制绿化区小路

绿化区内的步行小路通常都是自由的曲线，这就用到【SPL】样条曲线命令，样条曲线通常是根据需要转折形成曲线的一系列点构成的平滑曲线。

将绿化图层置为当前图层。

输入【SPL】，确定，执行样条曲线命令，绘制绿化区中间的步行小路。根据图示效果绘制三条样条曲线，注意绘制的时候起点和结束点要比边线长出一些，以便于剪切。

执行【TR】剪切命令，剪切掉多余部分，以确保形成封闭的区域。

执行【H】填充命令，选择 "GRAVEL" 图案，设置比例 200，对小路进行填充，完成效果如图 5-27 所示。

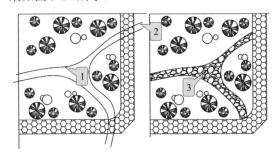

① 执行【SPL】命令，绘制三条样条曲线。
② 执行【TR】剪切命令，剪切多余线段。
③ 执行【H】填充命令，完成小路填充。

图5-27

步骤 10　镜像绿化区

十字路口的四个角均有相同的绿化区，而且它们呈现上下左右对称的情形，因此，我们采用【MI】镜像命令来完成其他角的绿化区，而不是逐一绘制。

为便于快速选择绿化区的对象，我们通过对图层的关闭、冻结、锁定等操作来实现。这里选择锁定道路线和人行道图层，锁定的图层默认状态是淡显 50%。

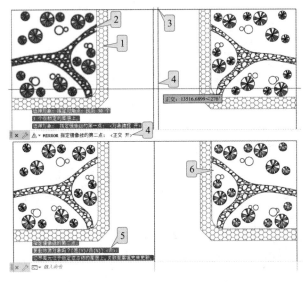

输入【MI】，确定，执行镜像命令（图 5-28）：
① 锁定道路线和人行道图层。
② 实线窗口选择镜像对象。
③ 捕捉选择镜像线的第一点。
④ 正交打开，选择第一点下方的任意点为镜像线的第二点。
⑤ 命令行窗口提示是否删除源对象，默认否，按【SPACE】。
⑥ 完成镜像效果。

图5-28

重复执行镜像命令，镜像得到下侧的绿化。按功能区图层选项卡的 按钮，解锁道路线和人行道图层。

步骤 11 绘制斑马线

将斑马线图层置为当前图层，绘制粗实线代表斑马线。

输入【PL】，确定，执行多段线命令，指定第一点，输入"W"，确定，设置线的宽度，指定线的起点和结束点宽度都是 500，指定第二点，得到斑马线。

输入【O】，确定，执行偏移命令，输入 1000，确定，指定偏移的距离，选择绘制的斑马线，连续偏移。偏移完成后，如果位置有一定的偏差，可以执行移动命令进行位置调整。

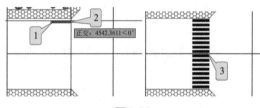

① 执行【PL】命令，指定起点。

② 设置线宽 500，指定第二点。

③ 执行【O】偏移命令，多次偏移对象。

完成效果如图 5-29 所示。

图5-29

菜鸟： 斑马线的复制能不能用阵列命令？

学霸： 当然可以，不过执行阵列时，列数的选择请输入 1，这样就只阵列一列多行对象了。

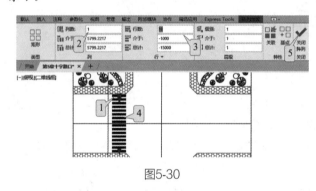

输入【AR】，确定，执行阵列命令：

① 选择绘制的斑马线，确定。

② 确定矩形阵列，输入列数 1。

③ 输入行数 16，这个数量可以根据预览调整，输入介于 -1000，代表向下阵列。

④ 预览阵列效果。

⑤ 按"V"或【SPACE】，确定，完成阵列，如图 5-30 所示。

图5-30

输入【MI】，确定，执行镜像命令，从左侧斑马线镜像到右侧。

菜鸟： 那上下两侧的斑马线如何完成呢？

学霸： 其实还是要通过镜像命令，只要将镜像的对称线设置在 45° 角方向上就可以了，原理和我们镜子成像一样，如图 5-31 所示。

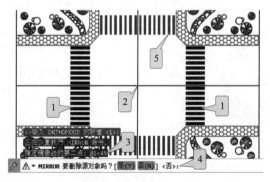

按【SPACE】，重复执行镜像命令：

① 选择上一步中的斑马线。

② 捕捉路口中心线的交点为镜像第一点。

③ 输入（@1 < 45），确定，作为镜像第二点。

④ 按【SPACE】，不删除源对象。

⑤ 镜像完成。

图5-31

步骤 12　绘制中间的绿化带

道路中间的绿化带样式如图 5-32 所示，有多种方法绘制。但前提是都要做好辅助线。执行偏移命令，将水平中心线分别向上下偏移 500，获得两条辅助线，再绘制两条垂直线段。

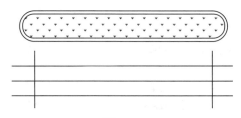

图5-32

将绿化图层置为当前图层，绘制绿化带。

方法一：通过【REC】矩形命令、【C】圆命令、【TR】剪切命令、【O】偏移命令完成，如图 5-33 所示。

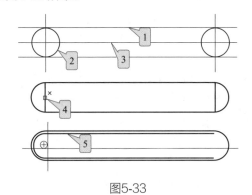

① 执行【REC】绘制矩形。

② 执行【C】绘制圆，半径通过捕捉获取。

③ 关闭辅助线图层。

④ 执行【TR】剪切多余对象。

⑤ 执行【O】多次向内偏移距离 100。

图5-33

方法二：通过【PL】多段线命令、【O】偏移命令完成，如图 5-34 所示。

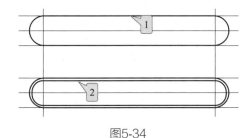

① 执行【PL】绘制直线与圆弧相连的多段线。

② 执行【O】一次向内偏移距离 100。

图5-34

方法三：通过【REC】矩形命令、【O】偏移命令完成，如图 5-35 所示。

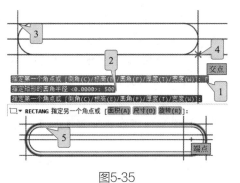

输入【REC】，确定，执行矩形命令：

① 输入"F"，确定，设置圆角。

② 输入 500，设置圆角值。

③ 捕捉第一角点。

④ 捕捉另一角点。

⑤ 执行【O】一次向内偏移距离 100。

图5-35

关闭辅助线图层，输入【H】，确定，执行填充命令，选择"GRASS"图案，设置比例10，在绿化带内填充图案。

打开辅助线图层，输入【MI】，确定，执行镜像命令得到右侧的绿化带，重复执行镜像得到垂直到路段的绿化带。

步骤 13 绘制车行箭头

将斑马线图层置为当前图层。执行【PL】多段线命令，绘制车行箭头。结果如图 5-36 所示。

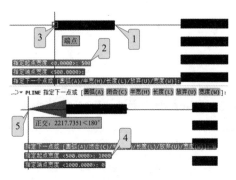

输入【PL】，确定，执行多段线命令：

① 指定起点。

② 设置起点宽度和端点宽度为 500。

③ 指定下一点。

④ 设置起点宽度 1000，端点宽度 0。

⑤ 指定下一点。

图5-36

执行【O】偏移命令，得到第二条车行指示线箭头。执行【MI】镜像命令，得到中心线下方的指示线箭头。这时需要调整下方的箭头方向，改为向右指示。可以采用两种方法。

方法一，通过【MI】镜像命令完成，选择镜像线时在指示线的中点。在提示"要删除源对象吗"时，输入"Y"，删除源对象。如果镜像后位置不合适，执行【M】移动命令调整一下即可。

方法二，通过【RO】旋转命令完成。该命令的关键是选择旋转的基点。

输入【RO】，确定，执行旋转命令，选择下方的两条指示线箭头旋转 180°，如图 5-37 所示。

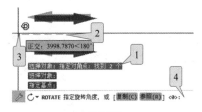

① 选择旋转对象，确定。

② 指定旋转基点，在两个箭头大概中心位置。

③ 正交打开，移动光标指定角度。

④ 或者输入 180 指定角度。

图5-37

菜鸟：旋转对象时基点通常怎么选择？

学霸：旋转对象的基点一般选择在旋转对象内部或者旋转对象本身上的点，这样便于旋转时观察角度，也有利于旋转完成后控制对象的位置。

调整完成箭头方向后，复制得到右侧的车行指示线箭头，然后再通过 45°镜像得到垂直方向的车行指示线箭头，注意箭头方向需要再次镜像才能符合交通规范。

步骤 14 绘制车行分界线

首先通过【LA】图层特性管理器，设置车行线图层的线型为虚线。输入【LA】，确定，打开图层特性管理器。

绘制车行分界线。执行【O】偏移命令，将中心辅助线分别偏移 4000 距离。将车行线图层置为当前图层，执行【PL】多段线命令，设置线宽 500，绘制车行分界线（图 5-38）。

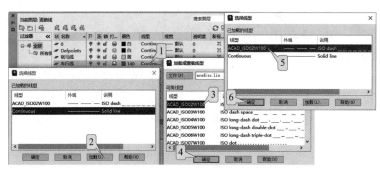

① 单击线型 "Continuous"。

② 单击 "加载"。

③ 选择此线型。

④ 单击确定，返回 "选择线型" 对话框。

⑤ 单击选择该线型。

⑥ 单击确定，完成线型设置。

图5-38

菜鸟：我绘制的车行分界线怎么显示还是实线呢？

学霸：因为线型的显示比例在当前的绘图区域内不合适，比例过大或者过小（这一点与填充图案比例类似），如果显示不是虚线，那就执行【LT】线型命令来进行修改。

输入【LT】，确定，打开 "线型管理器" 对话框，单击 显示细节(D)，然后通过修改全局比例因子或当前对象比例因子来更改显示比例，如图 5-39 所示。

① 单击显示细节。

② 设置全局比例因子 200。

③ 如果图纸中的线型较多，可以修改此项。

图5-39

全局比例因子是指图纸中所有图形的线型比例都会乘上这个比例，假设比例设置为 100，某条线的线型比例是 2，那么实际的线型比例就是 200。如果图纸尺寸非常大或非常小，要正常显示和打印虚线，通常可以统一调整全局比例因子。

当前对象缩放比例是指该比例会影响后面创建所有对象的线型比例，而不会影响已经绘制好的所有对象的线型比例。

正常设置线型步骤：第一步设置图层的线型，第二步在该图层绘制图形，第三步执行线型管理器调整显示比例。

完成线型后，再执行【BR】打断、【F】圆角等命令，完成车行线的图案。

步骤 15 书写图名

将文字图层置为当前图层。

输入【T】，确定，执行多行文字命令。指定文字起点，再指定对角点，输入文字内容 "十字路口平面图 1 ∶ 100"。设置字体为宋体，"十字路口平面图" 字号大小为 2000，"1 ∶ 100" 字号大小为 1500，注意一定要选中文字再设置。

痛点解析

痛点1　修改线型比例有没有快捷方式

菜鸟：线型的比例值多大合适？

学霸：不同的线型本身有不同的比例，所以在这里设置全局比例因子的时候需要尝试比例。

菜鸟：那岂不是挺麻烦的？

学霸：是的，有一些麻烦，不过我们还可以通过执行【LTS】命令，直接输入比例值来进行设置。

痛点2　打断在准确的两个点

菜鸟：如果我要在这两条线的交点打断，如何操作呢？

学霸：这个就需要在执行完第一步选择对象后，输入"F"，确定，捕捉打断点，如图5-40所示。

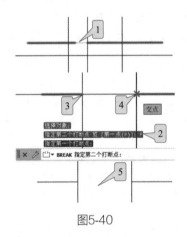

图5-40

输入【BR】，确定，执行打断命令：

① 选择对象，确定，自动选择对象位置为打断第一点。

② 输入"F"，确定。

③ 捕捉第一点，这里捕捉到交点。

④ 捕捉第二点。

⑤ 打断效果。

痛点3　打断在某一个点

菜鸟：如果我只是打断某条线，不出现缺口，怎么办？

学霸：这就是打断于点的操作，执行【BR】打断命令时，选择对象后，要求指定第二点，输入 @，这样可以打断而不留缺口。

 ## 放大招

大招1　选择剪切边精准剪切

菜鸟：在编辑修改树的平面图时，把快速模式改为标准模式，有没有直接的方法？

学霸：仔细观察快速剪切模式的命令行窗口，当提示选择剪切对象时，输入"T"就可以选择剪切的边界，再执行剪切。而且命令结束后，下次执行剪切命令不改变快速模式，如图5-41所示。

大招2　圆弧显示技巧

打开 AutoCAD 中的图形，有时会发现圆、弧线、样条曲线等变成了多边形显示，此时需要执行【RE】（REGEN）命令，则可以正常显示。如果认为这比较麻烦，那可以通过两个方法来设置。

方法一：通过【OP】选项命令，在显示选项卡中，设置显示精度，如图 5-42 所示。

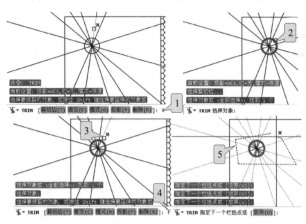

① 输入 "T" 剪切边。
② 选择圆，确定。
③ 可以单击选择剪切对象。
④ 输入 "F"，确定。
⑤ 执行栅栏选择。

图5-41

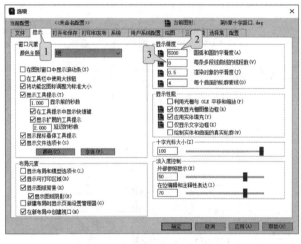

① 单击显示选项卡。
② 设置显示精度 5000。
③ 可以设置样条曲线的精度。

图5-42

方法二：输入【VIEWRES】，确定，执行快速缩放命令，直接设置圆弧精度值，如图 5-43 所示。

① 默认 "Y"，确定。
② 设置显示精度 5000。

图5-43

大招 3　连接线段

菜鸟： 执行【BR】可以打断许多对象，那打断后还能接起来吗？

学霸： 执行【J】连接命令就可以连接被打断的线段、圆弧、圆等，不过多段线、矩形、多边形等整体的对象无法连接。

输入【J】，确定，选择需要连接的两个或者多个对象，确定即可。连接直线时，可以点选也可以窗口选择对象，不过在连接圆弧时一定要点选对象，而且务必要按照逆时针方向选择，连接后才可以与图 5-44 所示圆弧一致，如果反向选择，则会连接对侧圆弧。

图5-44

第6章
进阶图案绘制（二）

知识图谱

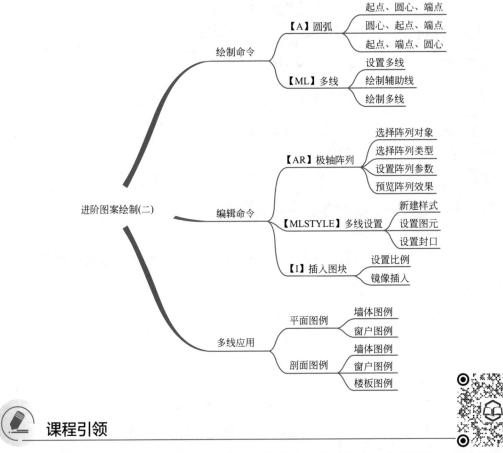

课程引领

本章将学习：绘制命令，圆弧、多线；编辑命令，极轴阵列、多线设置、插入图块；多线应用。精美图案的绘制需要用到一些复杂的命令，在没有 CAD 的年代，建筑图纸全靠手绘。梁思成是建筑历史学家、建筑教育家和建筑师，被誉为中国近代建筑之父，毕生致力于中国古代建筑的研究和保护。他绘制的古建筑手绘稿的精美程度令人折服，梁思成也被称为"行走的建筑物扫描仪"。梁思成在兵荒马乱的年代里跋山涉水，在全国各地丈量古建筑，用八年的时间走遍中国十五省二百县，实地考察两千余处古建筑并进行测绘，在山西应县，为了让手绘稿更精准一些，梁思成不顾危险，抓住悬挂了几百年的铁链双脚悬空攀爬上山西应县木塔十多米的塔刹，最后用精心绘制的图纸和照片为祖国的古建筑建档。梁思成的手稿让那些古建筑，包括目前已经消失了的古建筑以另一种方式继续存在，让后人可以通过这些古建筑手绘稿再见昔日古代建筑物的精美，用手绘稿让世界认识了中国的古建筑文化遗产。

6.1 极轴阵列

6.1.1 极轴阵列

【学习目标】

极轴阵列又称环形阵列，可以在绕中心点或旋转轴的环形阵列中均匀分布对象副本。在第 3 章已经学习了矩形阵列方式，而极轴阵列的步骤与矩形阵列基本一致。

【作图步骤】

步骤 1 打开文件

按【CTRL+O】打开配套资源库中的"阵列桌椅 .dwg"文件，执行【CO】复制命令，将文件中的桌椅复制一份放在右侧。

步骤 2 阵列参数

输入【AR】，确认，选择椅子，确认，输入"PO"，确定，指定圆心为阵列的中心点，此时在功能区弹出阵列创建选项卡，如图 6-1 所示，绘图区也出现相应的预览阵列效果。

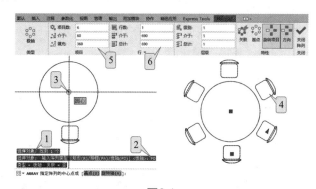

① 选择对象，确定。

② 输入"PO"，确定，选择极轴阵列。

③ 指定极轴阵列的中心点。

④ 预览阵列效果。

⑤ 设置项目参数。

⑥ 设置行参数。

图6-1

极轴阵列中的特性选项，有关联、基点、旋转项目和方向等选项。其中，旋转项目和方向是极轴阵列特有的，旋转项目如图 6-2 所示。

菜鸟：选项中的基点需要调整吗？

学霸：基点指用于在阵列中放置对象的基点。指定基点时，使用要排列对象的形心通常有助于放置和替换阵列中的项目。如果编辑生成的阵列的源对象，阵列的基点保持与源对象的关键点重合。简单讲，在一般阵列过程中，基点按照默认的即可。

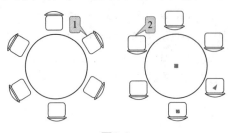

① 选择旋转项目。
② 关闭旋转项目。

图6-2

菜鸟： 那么方向如何设置呢？

学霸： 方向的顺时针和逆时针对于不到 360° 的极轴阵列有影响，如果是 360° 的阵列就没有关系。

步骤 3　极轴阵列效果

绘图步骤如图 6-3 所示。

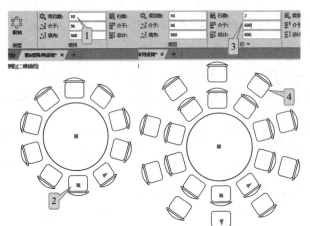

① 设置项目数和介于（角度）。
② 预览阵列效果。
③ 设置行数和间距（介于）。
④ 预览阵列效果。

图6-3

如果对阵列完成后的效果不满意，左键单击阵列完成的对象，在功能区自动打开阵列选项卡，根据预览效果对参数选项进行修改、编辑、替换等操作即可。

菜鸟： 我单击阵列完成后的椅子，怎么不能修改呢？

学霸： 这个要注意，阵列后可编辑的前提一定是选择关联后的阵列对象。如果没有关联，阵列后的对象是独立的个体，这样就无法再次进入阵列编辑状态了。

6.1.2　十字路口平面图阵列

【学习目标】

学习利用极轴阵列的方式快速完成十字路口平面图。

【作图步骤】

步骤 1　打开文件

打开配套资源库中的"十字路口阵列 .dwg"文件。

步骤 2　执行阵列

输入【AR】，确定，选择椅子，确认，输入"PO"，确定，选择十字路口中心辅助线交点作为阵列的中心点，设置阵列的项目数为 4，填充角度为 360，务必确保选择"旋转项目"，设置完成后确定，即可获得十字路口最终的效果，如图 6-4 所示。

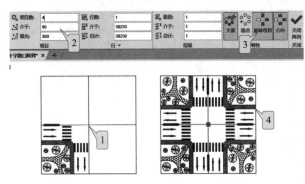

① 单击阵列中心点。
② 设置项目参数。
③ 单击选择旋转项目。
④ 预览阵列效果。

图6-4

6.2　多线的绘制

📚【学习目标】

多线的设定与绘制是比较复杂的进阶命令，因此要按照一定的步骤反复练习，才能熟练掌握。第一步要执行【MLSTYLE】多线样式命令，设置多线的样式"墙体"，第二步执行【ML】多线命令，完成多线"墙体"的绘制。

学习命令有【MLSTYLE】多线样式、【ML】（MULTILINE）多线、【LA】图层特性管理器、【LT】（LINETYPE）线型管理器等。

6.2.1　多线样式设置

多线由多条平行线组成，每一条称为图元。新建与修改多线样式，就要通过图元、封口、填充等进行设置。

输入【MLSTYLE】，确定，执行多线样式命令，打开"多线样式"对话框。默认情况下，系统中只有一种"STANDARD"多线样式，要建立新的多线样式，需要进行如下操作，如图 6-5 所示。

菜鸟：设置多线样式看起来是比较复杂，多线设置时还有什么要注意的？

学霸：有一条务必要注意，不能修改图形中已使用的任何多线样式的元素和多线特性。如果要修改现有的多线样式，必须在用此样式绘制多线之前进行，而且，如果设置的多线样式在绘制图形过程中有过应用就不能删除该多线样式。

菜鸟：我设置的墙体样式不对，也没有用来绘制图形，怎么删除不了呢？

学霸：那有可能是你把墙体样式设置了"置为当前"。换一个样式，单击 置为当前(U)，然后再去选择要删除的样式，就可以删除了。

① 默认多线类型"STANDARD"。

② 默认预览样式。

③ 单击新建，弹出"创建新的多线样式"对话框。

④ 输入新样式名称"墙体"，单击继续。弹出"新建多线样式：墙体"对话框。

⑤ 设置图元（窗户平面、窗户剖面等）。

⑥ 设置封口，选择直线。

⑦ 设置填充（剖面图例和详图图例等）。

⑧ 完成设置后返回"多线样式"，增加了"墙体"样式。

⑨ 预览墙体样式。

⑩ 单击"置为当前"按钮。

图6-5

6.2.2 绘制多线

📖【学习目标】

【ML】绘制多线时，需要设置多线的样式、比例和对正等参数。首先要设置多线样式，然后设置比例，再设置对正，对正是指绘制点与参考线之间的关系，因而执行多线命令相对比较复杂，通过绘制三组相同的辅助线，来比较三种不同的多线对正关系。

📚【作图步骤】

步骤1   新建图层

设置完多线样式"墙体"后，输入【LA】，确定，打开图层特性管理器，新建辅助线和墙体两个图层，设置对应的名称和颜色，并设置辅助线图层线型为点画线"ACAD_ISO04W100"。

步骤 2　绘制辅助线

将辅助线图层置为当前图层。

绘制三组辅助线。水平线长度 5000，垂直线长度 4000，执行【O】偏移命令，水平线向上偏移 3000，垂直线向右偏移 4000，获得一组辅助线后执行复制命令，完成三组辅助线，如图 6-6 所示。

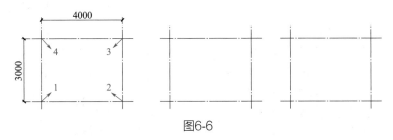

图6-6

菜鸟：我绘制的辅助线不是点画线呢？

学霸：上一章学习了修改线型比例，输入【LT】，确定，打开"线型管理器"对话框，设置全局比例因子为 30。

步骤 3　设置多线绘制参数

将墙体图层置为当前图层。

输入【ML】，确定，执行多线命令，步骤如图 6-7 所示。

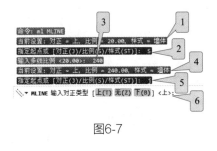

图6-7

① 当前设置：对正＝上，比例＝20.00，样式＝墙体。

② 输入"S"，确定，设置比例。

③ 输入"240"，确定，设置墙体宽度 240。

④ 当前设置：对正＝上，比例＝240.00，样式＝墙体。

⑤ 输入"J"，确定，设置对正类型。

⑥ 输入相应参数，设置不同对正类型。

步骤 4　绘制多线

输入"T""Z""B"可分别设置三种对正类型。然后按照逆时针方向，捕捉各组辅助线的 1、2、3、4 点，最后输入"C"闭合图形，完成墙体多线。通过观察图形可以看到，在样式和比例相同情况下，不同的对正类型绘制的对象结果大不相同，所以，在绘制多线的时候，务必要根据具体图例的需要设置相应的对正类型，如图 6-8 所示。

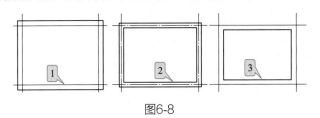

图6-8

① 对正类型"上"。

② 对正类型"无"。

③ 对正类型"下"。

菜鸟： 多线的比例设置 240，与墙体的宽度 240，这个是怎么计算的？

学霸： 多线的宽度＝多线样式的图元宽度 × 比例。在执行【MLSTYLE】设置多线的图元时，务必保证上下两端的两条线间距宽度为 1，这样输入的比例值就是多线的实际宽度。

6.3 绘制教室平面图

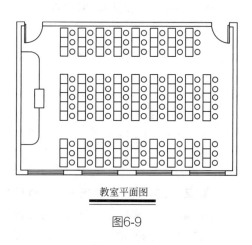

【学习目标】

完成如图 6-9 所示的教室平面图，可以掌握绘制平面图的一般步骤。首先创建图层，对图形包含的对象进行归类，把不同类型的图形对象归属于不同的图层。最关键的是从何处着手绘制。仔细观察需要绘制的图形，可以发现，无论是绘制墙体、窗户还是门，关键就是要有它们的控制点。而要确定这些点就需要先确立辅助线，通过辅助线来确定各控制点位置，再逐一绘制。

教室平面图

图6-9

学习命令有【MLSTYLE】多线样式、【A】（ARC）圆弧、【ML】（MULTILINE）多线、【LA】图层特性管理器、【LT】（LINETYPE）线型管理器、【O】（OFFSET）偏移、【AR】（ARRAY）阵列等。

【作图步骤】

步骤 1   新建文件

按【CTRL+N】键，确定，新建文件，接着按【CTRL+S】键保存文件，输入"教室平面图"，选择保存位置，确定。

输入【LA】，确定，打开"图层特性管理器"对话框，新建图层并改名，创建辅助线、墙体、窗户、门、桌椅、文字等图层，并为各图层设置不同的明亮色彩，以便能够清晰地观察图形对象。设置辅助线图层线型为点画线"ACAD_ISO04W100"，如图 6-10 所示。关闭图层特性管理器。

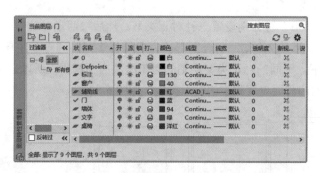

图6-10

步骤 2   绘制辅助线

将辅助线图层置为当前图层。

输入【L】，确定，执行直线命令，绘制辅助线。水平线长度 14000，垂直线长度 10000。

输入【O】，确定，执行偏移命令，向上偏移水平线 8000，向右偏移垂直线 12000，得到外框为 12000×8000 的教室墙体中心线。双击鼠标中间滚轮，视图全部显示。

如果此时的辅助线显示不是点画线，输入【LT】，确定，打开"线型管理器"对话框，在全局比例因子中输入 50，调整线型比例，使之正确显示出点画线。请注意，选择不同的线型采用的显示比例不一致，所以要显示正确，需要多次尝试执行该命令，如图 6-11 所示。

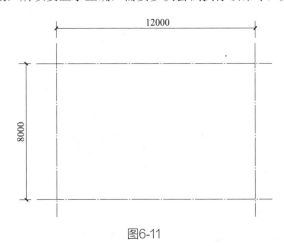

图6-11

输入【O】，确定，执行偏移命令，把垂直辅助线 2 分别向右偏移距离 500、2000、1000、2000、1000、2000、1000、2000、500 作出窗户位置的辅助线。

输入【CO】，确定，执行复制命令，复制线段 1 得到线段 3。

输入【TR】，确定，执行剪切命令，对窗户的辅助线执行剪切。其目的是避免因与线段 1 相关的垂直辅助线过长而影响线段 4 上辅助线的观察，如图 6-12 所示。

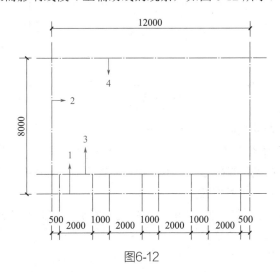

图6-12

同样方法制作与水平辅助线 4 相关的辅助线，垂直辅助线向右偏移距离分别为 300、1000，左右对称，最终得到的辅助线如图 6-13 所示。

步骤 3　创建墙体多线样式

输入【MLSTYLE】，确定，执行多线样式命令，打开"多线样式"对话框。新建"墙体"

多线样式，步骤同 6.2 节。

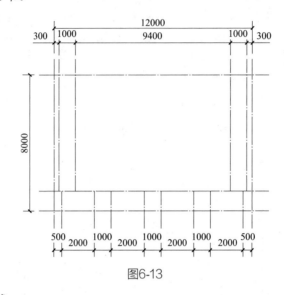

图6-13

步骤 4　绘制墙线

将墙体图层置为当前图层。

输入【ML】，确定，执行多线命令。调整参数为"当前设置：对正＝无，比例＝240.00，样式＝墙体"，捕捉各点绘制墙线，关闭辅助线图层后，显示效果如图 6-14 所示。

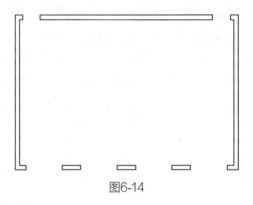

图6-14

菜鸟：为什么我绘制多线时总是出现遗漏？

学霸：这个需要你对图纸有比较明确的认识，也需要你按照一定的顺序去绘制，连续完成多线的绘制，尤其是在有转弯的地方，不要断开，连续单击定位点，直到需要断开才结束。

菜鸟：这个逆时针和顺时针有区别吗？

学霸：在"对齐＝无"时，顺时针和逆时针是一样的，但是在另外两种对齐方式中就完全不一样了。

步骤 5　创建窗户多线样式

输入【MLSTYLE】，确定，执行多线样式命令，打开"多线样式"对话框。单击新建按钮，输入"窗户"，单击继续，因为前一步完成过一次"墙体"多线样式，因而默认状态下以"墙体"样式为基础样式，在打开的"创建新的多线样式"对话框中将以先前的"墙体"样式为基础进行设置。

单击 置为当前(U) ，将完成的"窗户"多线样式置为当前样式。

菜鸟： 为什么在参数中设置增加的两条线为 0.2？

学霸： 如图 6-15 所示，组成窗户图例的多线有四条，为了保证上下两端的线段间距为 1，所以增加的线间距以中心线为依据进行小数偏移，从而保证增加的线段在原有两条线之内，从而在执行【ML】命令时，方便计算宽度。

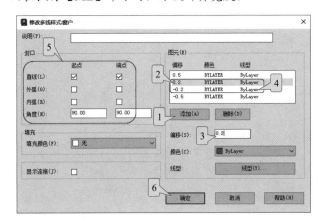

图6-15

① 在图元设置中，单击添加，增加两条线。

② 选择增加的第一条线。

③ 输入 0.2，将原有的偏移 0 改为 0.2。

④ 选择增加的第二条线，修改偏移量为 -0.2。

⑤ 查看封口设置，确保选中直线封口。

⑥ 单击确定，完成创建。

步骤 6 绘制窗户

打开辅助线图层，并将窗户图层置为当前图层。

输入【ML】，确定，执行多线命令。调整参数为"当前设置：对正＝无，比例＝240.00，样式＝窗户"，捕捉各点绘制窗户图例，关闭辅助线图层后，显示效果如图 6-16 所示。

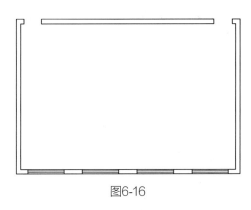

图6-16

步骤 7 绘制门

打开辅助线图层，将 0 层置为当前图层。

绘制门的图例。在我国的建筑工程制图规范中，通常用一个矩形代表门扇，一条圆弧代表门的开启方向，如图 6-17 所示为尺寸 1000 的门。

如图 6-18 所示，输入【REC】，确定，执行矩形命令。捕捉点 1 的位置作为矩形的第一角点，输入相对坐标（@50,-1000），确定，指定第二角点，得到门扇的图案。

输入【A】，确定，执行圆弧命令。之前案例学习圆弧命令，是一次给定三个点，逆时针

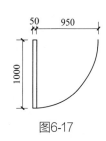

图6-17

方向绘制完成。而这里绘制圆弧时的三个点需要通过指定特定点来完成，根据情况，可以有三种方式完成圆弧绘制，均需要逆时针方向，而且需要根据命令行窗口的提示步骤分别指定。

我们先学习起点、圆心、端点绘制圆弧的步骤。而起点、端点、圆心和圆心、起点、端点的步骤可以根据命令行窗口的提示自学完成，而这就是举一反三的道理。在学习过程中，很多情况下都需要我们多观察、多思考、多探索，这是我们新一代大学生应该有的进取精神。

孔子曾对他的学生说："举一隅不以三隅反，则不复也。"学习要加以灵活思考，将已学内容扩展运用到其他相类似的内容上。

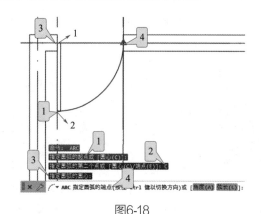

① 单击此处捕捉起点。
② 输入 C，确定。
③ 单击此处捕捉圆心。
④ 单击此处捕捉端点。

图6-18

菜鸟：咱们不是绘制门图例吗？为何要在 0 层？

学霸：这是因为我们要把绘制好的门定义图块，以便于在其他位置引用。

步骤 8　制作门图块

将门图层置为当前图层。

输入【B】，确定，执行块定义，将完成的门定义为块。注意三个步骤，基点、名称和对象，最重要的是基点选择在门扇的左上角。

步骤 9　插入门图块

输入【I】，确定，打开插入选项板，刚刚完成的门图块就出现在"最近使用的项目"中，通过比较发现，如果是在"旋转"中设置 0、90、180 等都不能形成与原图块对称的插入对象，所以这要用到插入中的"比例"技巧，设置 $X = -1$，图块沿着 Y 轴对称（若 $Y = -1$，图块沿着 X 轴对称），如图 6-19 所示。

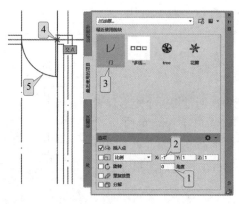

① 设置旋转角度不能解决对称插入。
② 设置 $X = -1$ 可以沿着 Y 轴左右对称。
③ 单击门图块。
④ 捕捉右上角点。
⑤ 插入的对称图块。

图6-19

步骤 10　绘制桌椅

将桌椅层置为当前图层。

执行【REC】矩形命令，选择任意点作为第一角点，输入 @400，500 为另一角点绘制矩形。

执行【C】圆命令，绘制一个半径 150 的圆。

执行【M】移动命令，先将圆和矩形调整到合适的位置，作为一个桌椅图案。然后将桌椅移动到教室左下角的合适位置，作为第一排的第一个桌椅。

步骤 11　阵列桌椅

执行【AR】阵列命令。选择桌椅为阵列对象，确定，输入"R"，确定，选择阵列方式为矩形阵列，调整阵列的参数如图 6-20 所示。

走道及后门的开启空间应留出，阵列出的桌椅要进行必要的删除，因而这里务必要取消关联。

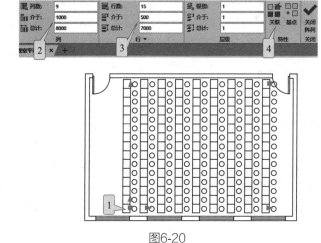

① 阵列选择左下角点桌椅。
② 设置列参数。
③ 设置行参数。
④ 取消关联。

图6-20

步骤 12　绘制讲台和讲桌

执行【REC】矩形命令，绘制两个矩形，尺寸分别为 1000×5000 和 500×1000。

执行【M】移动命令，捕捉中点方式进行移动。

执行【TR】剪切命令，进行必要的剪切。

执行【F】圆角命令，设置圆角半径为 500，分别对讲台的两个角进行圆角操作。关闭辅助线图层，结果如图 6-21 所示。

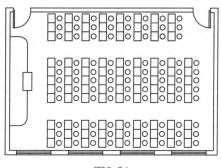

图6-21

步骤 13　书写图名

将文字图层置为当前图层。

输入【T】，确定，执行多行文字命令。设置字体为宋体，文字高度为 500，书写内容"教室平面图"。绘制两条线，以便让图名更清晰。

6.4　楼梯间平面图

📚【学习目标】

绘制如图 6-22 所示的楼梯间平面图，与绘制教室平面图思路相同，首先创建图层，然后绘制辅助线，利用辅助线来明确各控制点，再逐一绘制。

学习命令有【MLSTYLE】多线样式、【A】【ML】（MULTIL-INE）多线、【LA】图层特性管理器、【LT】（LINETYPE）线型管理器、【O】（OFFSET）偏移、【AR】（ARRAY）阵列等。

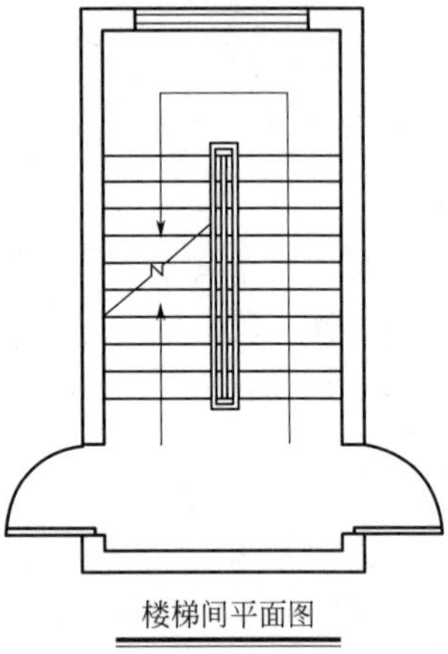

📚【作图步骤】

步骤 1　新建文件

按【CTRL+N】键，确定，新建文件。接着按【CTRL+S】键，保存文件，输入"楼梯间平面图"，选择保存位置，确定。

输入【LA】，确定，打开"图层特性管理器"对话框，新建图层并改名，创建辅助线、墙体、窗户、门、踏步、文字、标注等图层，并为各图层设置不同的明亮色彩，以便能够清晰地观察图形对象。设置辅助线图层线型为点画线"ACAD_ISO04W100"，如图 6-23 所示，关闭图层特性管理器。

楼梯间平面图

图6-22

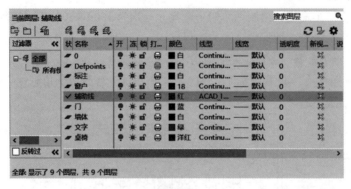

图6-23

步骤 2　绘制辅助线

将辅助线图层置为当前图层。

输入【L】，确定，执行直线命令，绘制辅助线。水平线长度 4000，垂直线长度 7000。

输入【O】，确定，执行偏移命令，分别向上偏移水平线距离 6000，向右偏移垂直线距离

3000，得到外框为 3000×6000 的楼梯墙面中心线。

执行【LT】调整线型比例正确显示出点画线，如图 6-24 所示。

执行【O】偏移命令，确定，将下侧水平辅助线依次向上偏移距离 300、1000，得到门的辅助线，将左侧垂直线依次向右偏移距离 500、2000、500，然后对其执行"TR"进行修剪得到窗户位置的辅助线，如图 6-25 所示。

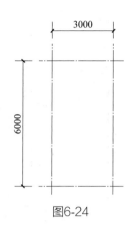

图6-24

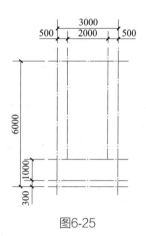

图6-25

步骤 3　绘制墙体和窗

执行【MLSTYLE】多线样式命令，打开"多线样式"对话框。新建"墙线""窗户"两种多线类型，并将墙体样式置为当前。

将墙线图层置为当前图层。执行【ML】多线命令，绘制墙线。

将窗户图层置为当前图层。执行【ML】多线命令，绘制窗户。

步骤 4　绘制门

将门图层置为当前图层。

执行【I】插入命令，打开插入选项板，在"最近使用的项目"中依然会有上一文件中的门图块。设置比例，$Y = -1$，图块沿着 X 轴对称，设置旋转角度 90，如图 6-26 所示。

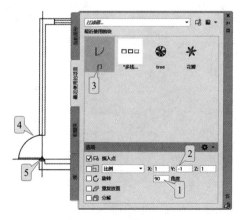

图6-26

① 设置旋转角度 90。

② 设置 $Y = -1$ 可以沿着 X 轴左右对称。

③ 单击门图块。

④ 捕捉此处的墙体中点。

⑤ 插入图块门后旋转且对称。

步骤 5　绘制踏步

将踏步图层置为当前图层。

踏步的绘制是本图的关键。要分析清楚如何作辅助线，如何绘制第一条踏步线，如何绘制中间的梯井线，确保楼梯踏步位置合理，要符合工程规范的尺度要求，当然这需要一定的工程制图基础。

执行【O】偏移命令，先将辅助线 1 向下偏移 1500，再将得到的辅助线向下偏移 2700，将辅助线 2、3 向内偏移 1470，得到辅助线如图 6-27 所示。

执行【L】命令，捕捉辅助线的交点，绘制出第一条踏步线，关闭辅助线，如图 6-28 所示。

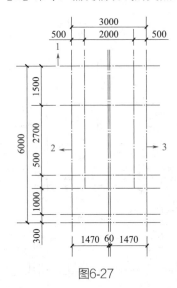

图6-27

图6-28

有了第一条踏步线，则执行复制、偏移或阵列等方法都可以得到其他的踏步线。本图执行【AR】阵列命令，而阵列过程中的关键是设置阵列距离，一定要注意距离有正负之分。设置好的参数如图 6-29 所示，关闭阵列项目的关联，以方便下一步的修剪。

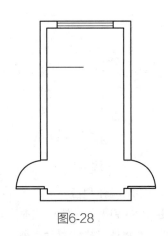

① 选择第一条踏步线。
② 设置列参数。
③ 设置行参数。
④ 取消关联。
⑤ 预览阵列效果。

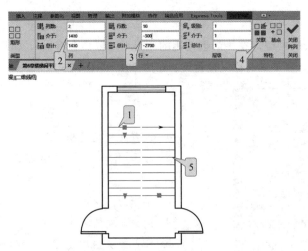

图6-29

菜鸟：为什么这里的行偏移距离是 -300，列偏移距离是 1410？

学霸：正常的踏步尺寸是宽 300，由于需要向下阵列踏步，所以需要输入 -300。而列偏移距离是根据踏步的长度 1350+ 梯井宽度 60 = 1410 计算得到的。

菜鸟：这个还需要这样计算呀，有点麻烦，有没有工具可以测量长度呢？

学霸：有的，那就是【DI】（DIST）测量工具，可以测量两点之间的距离和角度等。

输入【DI】，确定，执行测量命令，捕捉两个点即可在命令行窗口中查看相关的测量信息，如图 6-30 所示。

步骤 6　绘制梯井和扶手

执行【REC】矩形命令，在阵列完成的踏步中间缝隙位置捕捉点绘制梯井的矩形。

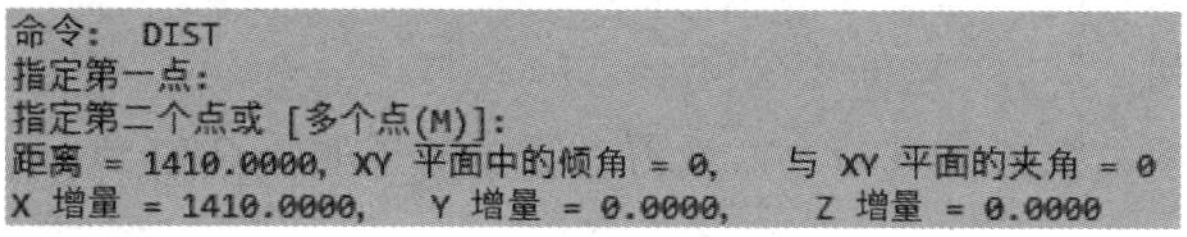

```
命令: DIST
指定第一点:
指定第二个点或 [多个点(M)]:
距离 = 1410.0000, XY 平面中的倾角 = 0,   与 XY 平面的夹角 = 0
X 增量 = 1410.0000,   Y 增量 = 0.0000,   Z 增量 = 0.0000
```

图6-30

执行【O】偏移命令，选择梯井的矩形，向外连续两次偏移距离 60，得到扶手的轮廓线。

执行【TR】剪切命令，对扶手与踏步相交处的线段进行必要的剪切。

执行【L】直线命令，绘制一条 45°的直线，然后再绘制折断线符号。

执行【TR】剪切命令，对折弯处的线段进行必要的剪切。

执行【PL】多段线命令，绘制箭头表示上行和下行梯段。

步骤 7　书写图名

将文字图层置为当前图层。

执行【T】多行文字命令，设置字体为宋体，文字高度为 300，书写内容"楼梯间平面图"，完成楼梯间平面图绘制。

痛点解析

痛点 1　如何在绘制圆弧时反向

菜鸟：为什么我的圆弧会反向？

学霸：那是因为忘记了逆时针绘制的要求，起点选错了。但是这时候请注意，不要取消操作，也不要着急，只需要按住【CTRL】键，移动光标即可看到相反方向的圆弧，如图 6-31 所示。

菜鸟：原来软件设计师也想到了我会搞错方向呀！

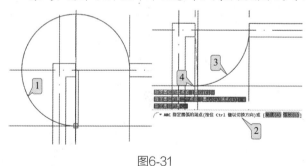

① 起点选错后，圆弧绘制错误。

② 按住【CTRL】键可以改变方向。

③ 移动光标即可看到正确圆弧。

④ 捕捉端点即可完成。

图6-31

痛点 2　如何沿着一条曲线阵列对象

菜鸟：如果我要在绘制的曲线道路或者绿化中阵列对象，该如何操作呢？

学霸：这个就需要路径阵列。前面已经学习过两种阵列方式，即矩形阵列和极轴阵列。路径阵列是以直线、多段线、三维多段线、样条曲线、螺旋、圆弧、圆或椭圆等某个对象为路径，分布对象的方法。而分布对象可以分为两种，一种是"定数等分"，另一种是"定距等分"，步骤如下。

【作图步骤】

步骤 1　打开文件

按【CTRL+O】键，打开配套资源库中的"路径阵列 .dwg"文件。

步骤 2　执行阵列

输入【AR】，确定，执行阵列命令，设置及预览效果如图 6-32 所示。

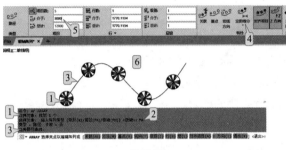

① 选择阵列对象，确定。
② 输入"PA"，确定，执行路径阵列。
③ 单击选择路径。
④ 单击定距等分。
⑤ 设置项目"介于"，即等分距离。
⑥ 预览阵列效果。

图6-32

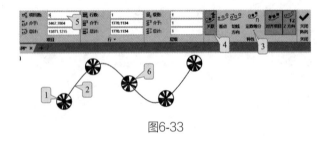

① 选择阵列对象，确定两次，执行路径阵列。
② 单击选择路径。
③ 单击选择定数等分。
④ 设置关联。
⑤ 设置"项目数"。
⑥ 预览阵列效果，如图 6-33 所示。

图6-33

菜鸟：那这里的行怎么设置？

学霸：我们用一条 5000 宽的道路阵列行道树就明白了，如图 6-34 所示。

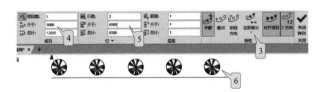

① 选择阵列对象，确定两次，执行路径阵列。
② 单击选择路径。
③ 单击选择定距等分。
④ 设置介于 3000。
⑤ 设置行参数。
⑥ 预览阵列效果。

图6-34

 放大招

大招 1　自定义快捷键

菜鸟：本章中执行【MLSTYLE】多线样式命令时，系统默认没有快捷键，我们只能比较烦琐地输入全称命令，那有没有办法简单一些呢？就像【L】可以替代【LINE】命令一样？

学霸： 可以通过自定义快捷键来实现。

在 AutoCAD 软件中，常用快捷键命令保存在"acad.pgp"文件中，用户可以用记事本打开该文件并修改，然后根据自己需要或习惯设置相应的快捷命令。由于该文件的位置不方便查找，因而自 AutoCAD 2010 版本后，在功能区的"管理"选项卡的"自定义设置"面板中提供了 ![编辑别名]图标，在弹出的选项中单击编辑别名，打开记事本，按照快捷键定义的格式，将自己需要定义的快捷键编辑写入文件中，保存退出，步骤如图 6-35 所示。

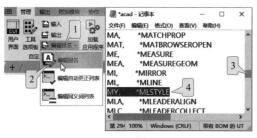

① 单击此处，弹出选项。
② 单击编辑别名。
③ 拖动记事本滚动条。
④ 在快捷键定义区域，增加自定义的快捷键。

图6-35

菜鸟： 可是我自定义了快捷键怎么也不管用呢？

学霸： 如果输入命令【MY】，系统提示未知命令，这就说明刚刚修改的"编辑别名"命令没有发挥作用。因为"acad.pgp"文件为系统配置文件，每次 AutoCAD 启动时自动加载，如果关闭 AutoCAD 再打开，修改的文件就可以发挥作用。

菜鸟： 我正在画图，不想关闭 AutoCAD，能不能行？

学霸： 若不想关闭 AutoCAD 而让快捷键生效，那就需要执行命令【REINIT】重新初始化命令。输入【REINIT】，确定，打开如图 6-36 所示的对话框，复选"PGP"文件，确定，自定义的快捷键即可发挥作用。

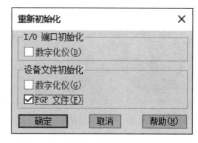

图6-36

大招 2　最常用的快捷键

菜鸟： 自定义命令如何使操作更优化？

学霸： 我们常用到的复制命令，默认的是【CO】，可以改为【C】，而把默认【C】绘制圆命令，改为【CI】，因为圆命令相对用得少。常用的测量工具【DI】，可以改为【D】，而把默认的【D】尺寸标注样式改为【DY】即可。

大招 3　多文件快速退出

菜鸟： 当我打开多个文件后，需要一个一个点击关闭，然后确认是否保存，这个有没有快一点的办法？

学霸： 当我们打开多个文件，查看或者编辑后，如果需要快速关闭，可以左手按【CTRL+Q】键，右手控制鼠标点击是否确认保存即可。

大招 4　多文件之间复制

菜鸟： 当我打开多个文件后，需要复制一个文件的内容到另一个文件中，如何操作呢？

学霸： AutoCAD 支持文件之间的相互复制，采用系统的快捷键复制粘贴即可。首先选中需要复制的对象，然后按【CTRL+C】键，复制，再点击复制到文件标签，按【CTRL+V】

键，就可以完成粘贴。

📚【作图步骤】

步骤 1   打开文件

按【CTRL+O】键，打开配套资源库中的"树的平面图.dwg"文件。

步骤 2   新建文件

按【CTRL+N】键，新建文件。

步骤 3   【CTRL+C】复制

在"树的平面图"中，选中组成树的对象，按【CTRL+C】键，复制。在新建的文件中，按【CTRL+V】键，粘贴。如果按【CTRL+SHIFT+V】，则粘贴为块，如图 6-37 所示。

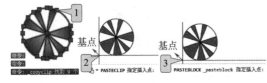

图6-37

① 选择对象，按【CTRL+C】键复制。

② 按【CTRL+V】键，以对象左下角点为基点粘贴。

③ 按【CTRL+SHIFT+V】，粘贴为块。

步骤 4   【CTRL+SHIFT+C】带基点复制

在"树的平面图"中，选中组成树的对象，按【CTRL+SHIFT+C】键，复制。在新建的文件中，按【CTRL+V】键，粘贴。如果按【CTRL+SHIFT+V】，粘贴为块，如图 6-38 所示。

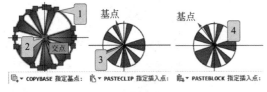

图6-38

① 选择对象，按【CTRL+SHIFT+C】键复制。

② 指定圆心为基点。

③ 按【CTRL+V】键，以圆心为基点粘贴。

④ 按【CTRL+SHIFT+V】，粘贴为块，以圆心为基点。

第7章
进阶图案绘制（三）

知识图谱

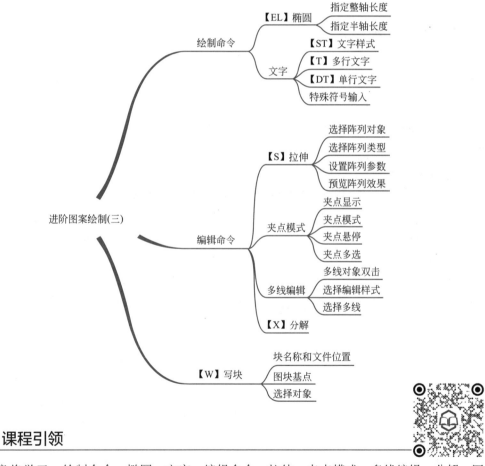

 课程引领

　　本章将学习：绘制命令，椭圆、文字；编辑命令，拉伸、夹点模式、多线编辑、分解；写块。学习 AutoCAD，既要善于总结经验，又要勤于实践检验，从中找出一般规律性的结论，注重分析和归纳，最后上升到理论的高度，从复杂到简单；再将简单化的一般结论（理论）应用到具体工作中去，详细地分析具体工作的各个方面，做到全面而不片面，这个过程就是简单到复杂的过程，也是理论到实践的过程。只有这样，才能由点到面地指导工作，大大提高工作效率。

7.1　拉伸命令

【学习目标】

【S】拉伸命令通过改变图形对象上一些关键点的位置，从而改变图形本身的长度、形状或位置。

拉伸命令，通过交叉窗口选择，至少包含一个顶点或端点，以便达到两个目的：

① 拉伸交叉窗口对象的顶点或端点。

② 移动完全包含在交叉窗口中的对象或单独选定的对象。

执行拉伸命令与移动和复制命令步骤相似，需要为拉伸指定一个基点，然后指定第二点，因而也有三种指定基点和第二点的方法。

7.1.1　拉伸案例（1）

【作图步骤】

步骤 1　打开文件

按【CTRL+O】打开配套资源库的"拉伸案例 1.dwg"文件，如图 7-1 所示，水平辅助线有点长。

步骤 2　执行拉伸

输入【S】，确定，执行拉伸命令，拉伸相交过长的辅助线。

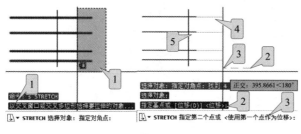

① 交叉窗口选择直线的端点，确定。

② 指定任意点为基点。

③ 根据需要指定任意点为第二点。

④ 预览拉伸位移。

⑤ 拉伸后的位置。

图7-1

7.1.2　拉伸案例（2）

【作图步骤】

步骤 1　打开文件

按【CTRL+O】打开配套资源库的"拉伸案例 2.dwg"文件。

步骤 2　执行拉伸

输入【S】，确定，执行拉伸命令，将 600×1200 的矩形拉伸为 600×1500，如图 7-2 所示。

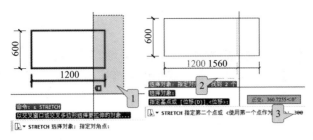

图7-2

① 交叉窗口选择矩形右侧，包含两个顶点，确定。
② 指定任意点为基点。
③ 右移光标，输入300，确定，完成拉伸。

7.1.3　拉伸案例（3）

【作图步骤】

　　步骤 1　打开文件

　　按【CTRL+O】打开配套资源库的"拉伸案例3.dwg"文件。

　　步骤 2　执行拉伸

　　输入【S】，确定，执行拉伸命令，将窗户改小，墙体跟随补齐，那就需要将墙体右侧和窗户左侧一起拉伸，如图 7-3 所示。

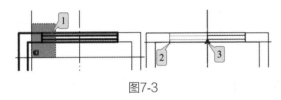

图7-3

① 交叉窗口选择窗户左侧和墙体，包含墙体和窗户多个顶点，确定。
② 捕捉交点为基点。
③ 捕捉辅助线与窗户交点位置，完成拉伸。

7.2　夹点

【学习目标】

　　夹点是选定对象时显示的小方块、矩形和三角形。可以使用夹点拉伸、移动、复制、旋转、缩放和镜像对象，而不需输入任何命令。

　　每个图形都有不同的夹点。线段、多段线有起点、中点和端点，圆弧有起点、中点、端点和圆心点，圆有四个象限点和圆心点，矩形有四个角顶点和四条边的中点等，如图 7-4 所示。

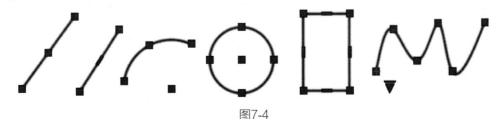

图7-4

7.2.1　夹点模式

夹点模式是在选定夹点时可以使用的编辑选项。默认夹点模式为"拉伸"。选择对象的夹点后，每次按【SPACE】键或【ENTER】键时，下一个模式都将变为活动模式，如图 7-5 所示。

夹点模式顺序为：拉伸、移动、旋转、缩放、镜像。

复制不是夹点模式，但可以选择作为任何夹点模式中的一个选项。

① 选定对象后夹点显示蓝色。
② 选择夹点后夹点红色显示。
③ 按【ENTER】键循环切换五种夹点模式。

图7-5

7.2.2　夹点模式案例（1）

【作图步骤】

步骤 1　打开文件

按【CTRL+O】打开配套资源库的"夹点模式案例 1.dwg"文件，案例由半径 300 的圆和一条半径组成。

步骤 2　执行拉伸

单击线段出现夹点，选择左侧起点，按【SPACE】直到出现旋转模式，输入"C"，确定，以便在旋转时复制对象，如图 7-6 所示。

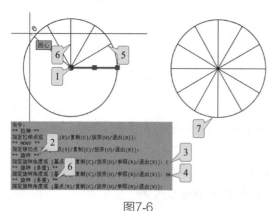

① 选择夹点进入夹点模式。
② 按【SPACE】直至旋转模式。
③ 输入"C"，确定。
④ 输入 30，确定。
⑤ 复制出旋转 30°的线段。
⑥ 按住【CTRL】键，单击鼠标，依次获得夹角 30°的线段。
⑦ 完成旋转复制，按【ESC】取消夹点显示。

图7-6

7.2.3　夹点模式案例（2）

【作图步骤】

步骤 1　打开文件

按【CTRL+O】打开配套资源库的"夹点模式案例 2.dwg"文件，案例是一个 300×300

的矩形。

步骤 2 执行拉伸

单击矩形，出现多个夹点，移动光标到上端直线段的中点，悬停可以出现夹点菜单，不同的夹点有不同的菜单选项，这里要转换为圆弧，如图 7-7 所示。

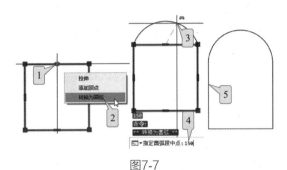

① 夹点悬停，不是单击。

② 弹出夹点菜单，单击转换为圆弧。

③ 向上移动光标。

④ 输入 150，确定。

⑤ 按【ESC】取消夹点，完成修改效果。

图7-7

步骤 3 填充图案

执行【H】填充图案，选择"ANSI132"，确定，完成默认填充后，单击填充对象，出现填充图案的圆形夹点，悬停出现夹点菜单，执行图案填充比例和角度的调整，如图 7-8 所示。

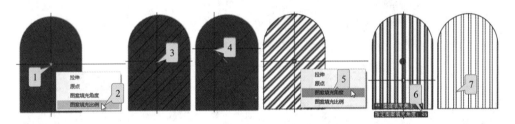

① 夹点悬停，不是单击。

② 弹出夹点菜单，单击图案填充比例。

③ 移动光标，距离夹点近比例值小，图案填充密集。

④ 移动光标，距离夹点远比例值大，图案填充稀疏。

⑤ 继续在夹点菜单中单击图案填充角度。

⑥ 输入 45，确定。

⑦ 按【ESC】取消夹点，完成修改效果。

图7-8

7.3 文字

🕮【学习目标】

文字注释是 AutoCAD 中非常重要的内容，任何一个图形都少不了文字的注释，与文字注释相关的命令主要有【ST】（TEXTSTYLE）文字样式、【T】（MTEXT）多行文字、【DT】（DTEXT）单行文字等。

7.3.1　创建文字样式

　　文字样式是文字设置的命名集合，可用来控制文字的外观，例如字体、行距、对正和颜色。我们通过创建文字样式，来快速指定文字的格式，并确保文字符合工程标准。

　　创建文字时，它将使用当前文字样式中的设置。如果要更改文字样式中的设置，则图形中的所有文字对象将自动使用更新后的样式。所有的图形都包含无法删除的默认的文字样式"Standard"，但是它可以根据需要进行字体、高度、宽度因子等设置。

　　输入【ST】，确定，打开"文字样式"对话框，可以对默认样式"Standard"进行修改，如图 7-9 所示，也可以单击新建按钮创建新的样式，如图 7-10 所示。

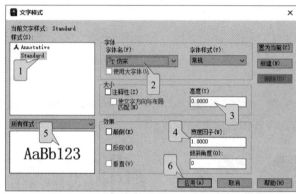

① 默认的文字样式"Standard"。
② 设置字体。
③ 设置高度（通常设置为 0）。
④ 设置宽度因子和倾斜角度。
⑤ 预览字体样式。
⑥ 单击应用关闭对话框。

图7-9

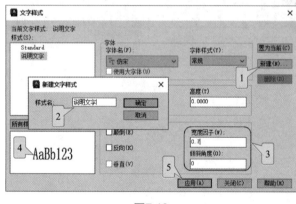

① 单击新建。
② 输入样式名"说明文字"。
③ 设置宽度因子等。
④ 预览字体样式。
⑤ 单击应用和关闭。

图7-10

　　菜鸟：这里的宽度因子为何改为 0.7？
　　学霸：这是根据我国的工程制图规范，长仿宋体的高宽比 0.7，所以才这样设置。
　　菜鸟：那高度怎么设置为 0？
　　学霸：高度采用缺省值 0.0000，并不是执行文字命令时文字高度为 0，而是指执行文字命令时可以每次调整文字高度。如果这里设置为其他的高度值，在书写文字时就不能更改文字高度。

7.3.2　单行文字

　　对于简短的注释和标签，通常使用【DT】单行文字。

输入【DT】，确定，执行单行文字。在需要书写文字处单击，指定文字位置。根据命令行窗口提示进行操作，步骤如图 7-11 所示。

图7-11

① 上一步设置的文字样式"说明文字"。

② 指定文字的起点。

③ 指定高度，输入 1000，确定。

④ 指定文字的旋转角度，需要时。

⑤ 输入文字，完成一行按【ENTER】确定。

⑥ 继续等待书写文字，结束需要再次按【ENTER】。

⑦ 完成的文字显示，三行文字为各自独立的对象。

菜鸟：写完文字，按【ENTER】确定，单击鼠标为何又跑到别处等待书写文字呢？

学霸：在使用单行文字书写完成一行时，按一次【ENTER】确定，代表换行，再次按一次【ENTER】结束命令。而且要注意，即使单行文字能够书写出"多行"文字，但是每一行是独立对象。

菜鸟：咱们都是【SPACE】和【ENTER】表示确定，这里按【SPACE】好像不行啦？

学霸：对的，这里按空格键就不是确定了，在书写文字状态下，空格表示文字中的内容。

7.3.3　多行文字

对于具有内部格式的较长注释和标签，尤其是段落文字，采用单行文字不方便编辑与修改，所以应该采用多行文字命令。

输入【T】，确定，指定文本框的第一角点，再指定文本框的另一角点，就会有书写文本框和打开文字编辑器选项卡，只要对于 Office 软件熟悉即可熟练操作，如图 7-12 所示。

图7-12

很显然，在多行文字编辑器中，可以设置的参数比较多，更适合于书写建筑设计说明等大篇幅的文字。

菜鸟：如果写好的文字需要进行修改怎么办？

学霸：如果对已经书写完成的多行文字进行修改，只需要双击文字即可。这也叫在位编辑，不需要输入命令。

但是单行文字和多行文字书写的文字，在执行在位编辑时可编辑的内容是不同的。多行文字可以编辑所有内容，而单行文字只能更改内容，要更改字体需要用【ST】修改字体样式，要更改字号大小则需要通过【SC】比例缩放或者【CTRL+1】特性等。

7.3.4　特殊符号的输入

在工程制图中，常常会需要标注一些特殊字符，比如直径符号 ϕ，± 等，这些符号不能直接从键盘输入。AutoCAD 中提供了一些控制码，在键盘中输入控制码即可达到输入特殊符号的目的。

　　AutoCAD 提供的特殊符号和控制码对照见表 7-1。通过表 7-1 可以看出，AutoCAD 提供的控制码，均由两个百分号"%%"加一个字母组成。输入控制码后，只要再输入字母即可显示特殊符号。

表 7-1　控制码及对应的特殊符号

输入符号	显示效果	符号含义
%%C	ϕ	直径
%%D	°	角度
%%P	±	正负号
%%%	%	百分比
%%O	—	上划线
%%U	—	下划线

　　执行【DT】单行文字命令，输入图示内容即可显示特殊字符。

　　执行【T】多行文字，打开文字编辑器，输入特殊符号可以应用表 7-1 中的符号，还可以通过单击文字编辑器选项卡中的符号按钮，通过弹出菜单选择特殊符号。

　　菜鸟： 看起来挺麻烦的，这么多特殊符号？

　　学霸： 这个其实不用太担心，我们工程图纸中常用的特殊符号也就是表中的前三个，你只要记住这三个就可以了，其他完全可以通过菜单去选择。

7.4　写块命令

📚【学习目标】

　　【W】写块命令是将选定对象保存到指定的图形文件或将块转换为指定的图形文件。与【B】定义块步骤相似，【W】写块的步骤通常也要三步。

　　首先在 0 层绘制图层对象，然后输入【W】，确定，执行写块命令。

　　步骤 1　打开文件

　　按【CTRL+O】打开配套资源库的"写块 .dwg"文件。

　　步骤 2　执行拉伸

　　输入【W】，确定，弹出"写块"对话框，输入文件名及位置、指定基点、选择对象即可完成，步骤如图 7-13 所示。

　　菜鸟： 既然有【B】块定义命令，还用得着【W】写块命令吗？

　　学霸：【B】块定义，实际上是内部图块，只存在于当前文件中，而【W】写块命令完成的实际是一个单独存在的文件。

　　在新版的 AutoCAD 中，两种方式完成的图块都可以通过【I】块插入选项板"最近使用的

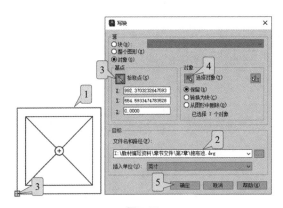

① 打开图形对象拖布池。
② 输入文件名。
③ 拾取左下角点为基点。
④ 选择对象。
⑤ 单击确定完成写块。

图7-13

项目"中显示并插入到图形中。但是如果更换了电脑，区别就很明显了，【B】定义的块不会出现在当前图形中，而【W】写块的文件则可以通过载入文件的方式插入。

7.4.1 绘制洗手盆

【学习目标】

学习绘制如图 7-14 所示的洗手盆，并将其写块。学习的命令有【EL】（ELLIPSE）椭圆、【REC】（RECTANGLE）矩形、【RO】（ROTATE）旋转、【W】（WBLOCK）写块等。

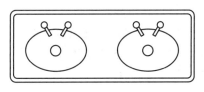

图7-14

【作图步骤】

步骤 1 新建文件

执行【CTRL+N】新建文件，执行【LA】创建辅助线图层，设置为点画线。

步骤 2 绘制辅助线

将辅助线图层置为当前图层。

执行【L】命令绘制一条长度 2000 的水平线段和一条长度 1000 的垂直线段。

执行【O】偏移命令，按照图 7-15 所示的辅助线尺寸进行偏移。

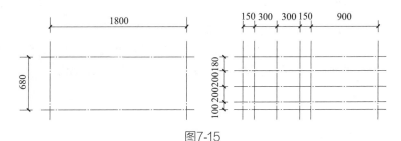

图7-15

步骤 3 绘制洗手盆

将 0 层置为当前图层。洗手盆由椭圆和圆组成。

输入【EL】，确定，执行椭圆命令，步骤如图 7-16 所示。

① 指定轴的端点。
② 指定轴的另一个端点。
③ 指定另一条半轴长度。

图7-16

菜鸟：那看起来绘制椭圆就是先指定长轴的端点，再指定短轴的端点了。

学霸：这个不太准确，虽然绘制椭圆只要三个点，但是前两个端点表示整轴长度，后指定的点表示半轴长度。

输入【C】，确定，绘制圆，以椭圆的中心为圆心，半径 50。

步骤 4 绘制水嘴

水嘴由一个圆形和一个倾斜 120°的矩形组成。

按【SPACE】重复圆命令，以椭圆左上方某位置为圆心绘制半径 30 的圆。

输入【REC】，确定，执行矩形命令，指定矩形的第一点后，输入参数"R"，要求指定矩形的旋转角度，输入 120，然后再指定矩形的对角点。

当然，也可以正常绘制一个矩形，然后执行【RO】旋转命令，将矩形旋转 30°。

执行【M】移动命令，移动矩形与小圆到合适位置。

执行【MI】镜像命令，将水嘴镜像到右侧。

关闭辅助线图层，执行【TR】剪切命令，对矩形和椭圆的相交位置进行适当剪切，效果如图 7-17 所示。

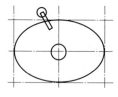

图7-17

步骤 5 绘制外轮廓

打开辅助线图层。

执行【MI】镜像命令，将洗手盆和水嘴整体镜像到右侧。

执行【REC】矩形命令，设置"F"（圆角）为 60，以辅助线的外轮廓绘制圆角矩形。

执行【O】偏移命令，将圆角矩形向内偏移距离 30，完成洗手盆绘制。

步骤 6 写块

关闭辅助线图层。

输入【W】，确定，执行写块命令，步骤如图 7-18 所示。

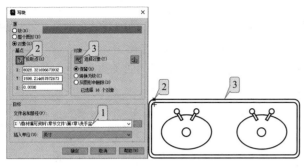

① 输入图块名称并指定保存路径。

② 捕捉图块基点。

③ 选择洗手盆的对象。

图7-18

7.4.2　绘制小便斗

【学习目标】

绘制如图 7-19 所示的小便斗，由矩形和圆角的三角形组成。尝试使用对象捕捉和轨迹追踪的方法来找到合适的点，绘制精确的图形。

学习的命令有【REC】矩形、【F】圆角、【X】分解、【F3】对象捕捉、【F11】对象捕捉追踪等。

图7-19

【作图步骤】

步骤 1　绘制矩形和圆

执行【REC】矩形命令，确定，绘制一个尺寸为 100×280 的矩形。

按【F3】和【F11】确保对象捕捉和对象捕捉追踪打开，并设置对象捕捉的重点。

执行【C】圆命令，捕捉追踪矩形的中心点为圆心，绘制半径 20 的圆，如图 7-20 所示。

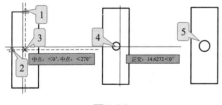

图7-20

① 在中点悬停，移动光标出现追踪线。

② 在中点悬停，移动光标出现追踪线。

③ 两条追踪线交点提示。

④ 单击该点为圆心。

⑤ 输入半径 20，确定，完成圆。

步骤 2　绘制斜线和圆角

按照如图 7-21 所示的步骤绘制斜线和圆角。

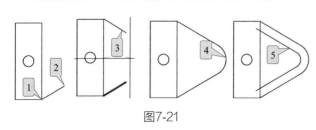

图7-21

① 执行【L】直线命令，捕捉起点。

② 输入 @100<30，确定，指定端点。

③ 执行【MI】镜像。

④ 执行【F】圆角，圆角值 60。

⑤ 执行【O】偏移，偏移距离 30。

步骤 3 继续圆角

如果直接进行【F】圆角命令，选择线段与矩形会出现如图 7-22 的问题，矩形其他线也被删除，因而需要先将矩形分解。

输入【X】，确定，执行分解命令。选择矩形，确定，矩形就成为四条线段。

执行【F】圆角命令，设置圆角为 20，完成效果如图 7-22 所示。

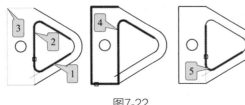

① 圆角选择第一个对象直线。
② 圆角选择第二个对象矩形。
③ 矩形的另外两条线将被剪切。
④ 执行【X】分解，选择矩形。
⑤ 可以正常执行圆角效果。

图7-22

菜鸟：分解命令是什么意思呢？

学霸：分解命令可以分解多段线、矩形、多边形、标注、图案填充或块参照等复合对象，将其转换为单个的图形对象。例如，分解多段线将其分解为简单的线段和圆弧。

步骤 4 写块

输入【W】，确定，执行写块命令，将图块命名"小便斗"，并指定明确的保存位置。

7.4.3 绘制蹲便器

【学习目标】

本案例步骤类似于 7.4.2 节案例，不作辅助线，直接在 0 层绘制对象，完成写块。学习的命令有【REC】矩形、【F】圆角、【X】分解、【F3】对象捕捉、【F11】对象捕捉追踪等。

【作图步骤】

步骤 1 绘制蹲便器

按照如图 7-23 所示的步骤绘制蹲便器。

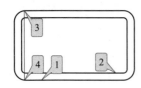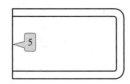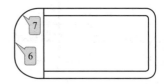

① 执行【REC】矩形命令，设置圆角半径 40，指定矩形第一角点，输入 @500,280 给定另一角点，绘制矩形。

② 执行【O】偏移命令，选择矩形向内偏移 30。

③ 执行【L】直线命令，捕捉第一点。

④ 捕捉下一点，完成直线。

⑤ 执行【TR】剪切命令。

⑥ 执行【O】偏移命令，选择直线向左偏移 100，得到一条线段。

⑦ 执行【F】圆角命令，设置圆角值 100，完成两个圆角。请注意，第一个圆角后，需要执行【X】分解命令，分解对象后再圆角。

图7-23

步骤 2　写块

输入【W】，确定，执行写块命令，将图块命名"蹲便器"，并指定明确的保存位置。

7.5　绘制卫生间平面图

📑【学习目标】

如图 7-24 所示为卫生间平面图，与教室平面图和楼梯间平面图不同的是，本案例由男厕所、女厕所、盥洗室三个房间组成，这就会用到多线的绘制和编辑。而如何绘制多线和编辑多线，以及怎样绘制卫生间内部隔断都是本案例要解决的问题。

学习的命令有【MLEDIT】多线编辑、【S】拉伸命令、【I】插入选项板、【DT】单行文字、【H】图案填充等。

📚【作图步骤】

步骤 1　新建文件

执行【CTRL+N】新建文件，确定。执行【CTRL+S】保存文件，输入"卫生间平面图"，确定。

步骤 2　创建图层

执行【LA】图层命令，新建图层。

在工程实践中，绘图需要的图层有一定的规律性和重复性，所以，可以借助已有图形文件中的图层，完成图层创建。

一是执行【I】插入选项板，将原有文件按照外部图块方式插入。二是通过设计中心。三是通过样板文件。后面的两种方法将在第 9 章学习。

本案例学习使用插入外部图块的方法，把第 6 章绘制的教室平面图文件作为图块插入，单击选项板中的 🖼 图标，如图 7-25 所示。在弹出的对话框中选择"教室平面图"文件，确定，点击插入点，确定其他参数，插入图形中。

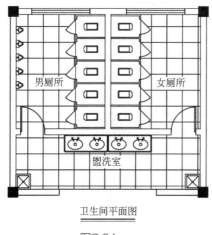

卫生间平面图

图7-24

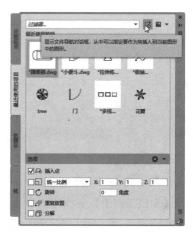

图7-25

打开所有图层，执行【E】删除命令，输入【ALL】，确定，代表全部选择，确定，删除该文件的所有图形对象。

菜鸟：这里插入的是一个图块，只要不是分解的，能不能直接点击选择删除？

学霸：能，只要在选项板中没有复选"分解"，就可以采用点选方式，选择对象删除。

随着"教室平面图"的插入，不仅有了图层，还可以获得源文件中的线型、多线样式、图块等内容，无需继续设置，大大节约作图时间，提高作图速度。

查看图层面板，文件有了"教室平面图"中的所有图层，但还需要添加几个图层。

执行【LA】图层特性管理器，新建洁具、柱子、铺地、隔断等图层并设置不同的颜色。

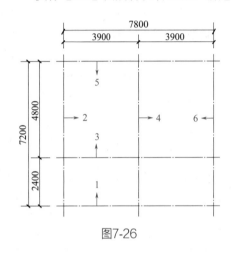

图7-26

步骤 3　绘制辅助线

将辅助线图层置为当前图层，绘制辅助线。

本案例辅助线相对比较复杂，要按照一定的顺序，保持清醒的头脑，耐心绘制。

执行【L】命令，绘制长度 9000 的水平线 1 和长度 8000 的垂直线 2。

执行【O】偏移命令，获得开间进深尺寸，如图 7-26 所示。

重复执行偏移命令，将线 4 分别向左右各偏移距离 2000，如图 7-27 所示。

执行【S】拉伸命令，交叉窗口分别选择偏移的两条线段的上端点，确定，指定基点任意，正交打开，向下移动光标，在合适位置单击鼠标左键指定第二点，如图 7-27 所示。

重复上步操作，依次完成与线 3 和 5 相关的辅助线，结果如图 7-28 所示。

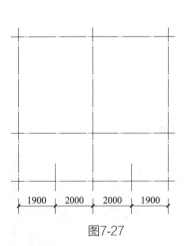

图7-27

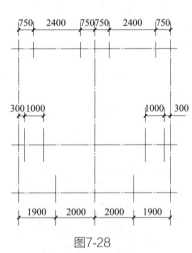

图7-28

步骤 4　绘制墙线

将墙体图层置为当前图层。

执行【MLSTYLE】多线样式命令，设置墙体和窗户样式。不过我们发现，在插入"教室平面图"的同时，也引入了该图形中设置好的多线样式"墙体"和"窗户"，这样就不需再设置，直接进行多线绘制即可。

输入【ML】，确定，执行多线命令。根据图中的三项内容，依次完成设置。然后捕捉各点绘制墙线，按照逆时针或顺时针方向绘制，并尽量先完成距离长的墙体。绘制完墙线，关闭辅助线图层，结果如图 7-29 所示。

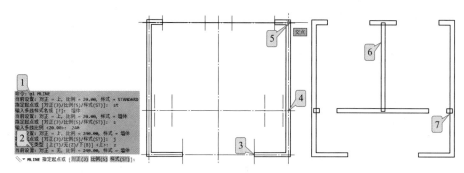

① 对当前设置三项内容依次进行修改。

② 修改完成后的当前设置。

③ 捕捉此起点，顺序选择点绘制墙体。

④ 请勿在此单击点。

⑤ 选择该点，然后转弯，完成绘制本段墙体。

⑥ 继续执行绘制墙体，两段墙体相交处多留出距离。

⑦ 关闭辅助线后，绘制的墙体显示效果。

图7-29

步骤 5　编辑墙线

关闭辅助线图层，会发现在如图 7-30 所示的标识部位，墙线的相交关系不正确，那么该怎样调整呢？

菜鸟：这个我会，执行【X】分解，然后再【TR】剪切就可以了。

学霸：如果先执行【X】分解命令，再进行剪切，这样的墙线就成为普通线段，没有了多线的特征。所以要执行【MLEDIT】多线编辑工具，该工具不需要输入命令，只要在绘制的多线对象上双击鼠标左键，即可打开多线编辑工具，这就是在位编辑。

多线编辑工具中列出了如图 7-31 所示多线连接的 12 种工具，根据组成多线的元素和连接样式的需要，单击选择某种工具，返回绘图区，选择需要编辑的两条多线，就可以得到需要的结果。

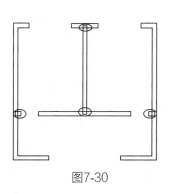

图7-30　　　　　　　　　　　　　　　　　图7-31

本例中由于墙线为双线，而且均为 T 形连接方式，故选择多线编辑工具中的 T 形打开或

T形合并。

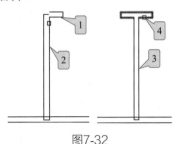

图7-32

① T形连接先选择上面多线。

② 再选择下面多线，连接错误，或者提示多线不相交。

③ 先选择下面多线。

④ 再选择上面多线，连接正常，如图 7-32 所示。

菜鸟： 这个有点糊涂了，到底在 T 形连接时先选择哪一个？

学霸： 别着急，仔细观察，在执行 T 形连接工具时，应该先选择 T 形的竖线部分，再选择横线部分。

图7-33

步骤6 绘制窗

将窗户图层置为当前图层。

按照上述方法绘制窗户，关闭辅助线图层，完成效果如图 7-33 所示。

步骤7 绘制门

将门图层置为当前图层。

执行【I】块插入选项卡，插入两个门。

步骤8 绘制柱子

将 0 层置为当前图层。

执行【REC】矩形命令，绘制 400×400 的矩形柱子。

执行【H】填充命令，选择图案填充方式中的"SOLID"实体填充。确定填充区域时采用选取对象的方式，单击，回到绘图区域选择柱子轮廓线，确定，得到填充效果如图 7-34 所示。

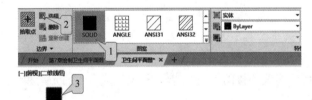

图7-34

① 选择"SOLID"实体填充。

② 单击此处选择对象方式。

③ 选择矩形填充。

执行【W】写块命令，将柱子做成图块，捕捉柱子的中心点作为图块的基准点，保存为"柱子"。

执行【I】插入图块，注意此时在块插入选项卡中复选"重复放置"，然后单击图块，在房间四角辅助线的交点位置插入，结果如图 7-35 所示。

步骤9 绘制厕所隔断

厕所隔断可以采用多种方法：第一种方法是绘制每个小间的辅助线，利用多线绘制和多线编辑命令逐一绘制；第二种方法是绘制一个小间作为图块，采用复制或者阵列方式。本案例采用第二种方法，步骤如图 7-36 所示。

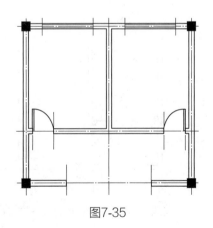

图7-35

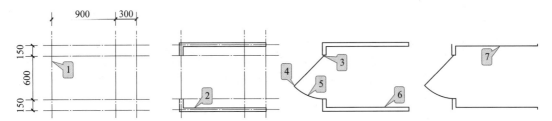

① 将辅助线图层置为当前图层。执行【L】直线命令，绘制两条辅助线，再执行【O】偏移命令，获得其他辅助线。

② 将多线图层置为当前图层，执行【ML】多线命令，绘制墙线，设置墙线宽度50。

③ 将门图层置为当前图层，执行【L】直线命令，捕捉起点在墙体中心点。

④ 输入 @600 < 135，确定，得到第二点。

⑤ 执行【A】圆弧命令，逆时针，起点、圆心、端点，依次指定。

⑥ 执行【X】分解命令，选择多线分解。

⑦ 执行【TR】剪切命令，进行必要剪切。

图7-36

菜鸟：多线对象不能直接剪切吗？为何一定要分解？

学霸：多线对象可以剪切，但是只能沿着绘制方向，不能直接剪切组成多线的部分。

执行【I】块插入选项卡，选择蹲便器，插入到图形中，如果位置不合适，可以执行【M】移动命令进行调整。

执行【M】移动命令，选择整个隔断，移动到如图 7-37 所示的合适位置。

执行【AR】矩形阵列命令，完成设置。

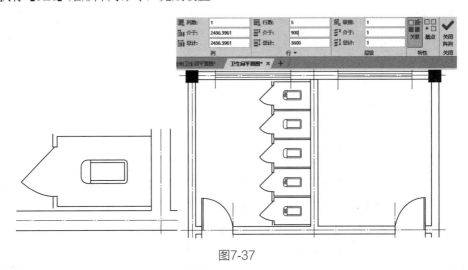

图7-37

菜鸟：这里可以用【CO】复制命令吗？

学霸：可以的，比较这两个命令，阵列完成的对象设置为关联后是一个整体对象，方便后期的修改，也方便选择对象。

执行【MI】镜像命令，得到右侧的卫生间蹲便器。

步骤 10　插入各图块

执行【I】块插入选项卡，插入拖布池、小便斗、洁具等，并通过移动、复制、镜像等命令调整位置获得其他对象。

步骤 11 填充地面

执行【L】命令，在门口位置及隔断位置各绘制一条高差线。将铺地图层置为当前图层，关闭隔断、洁具、辅助线图层，执行【H】图案填充命令，选择"NET"图案，比例设置为200。填充后的效果如图 7-38 所示。

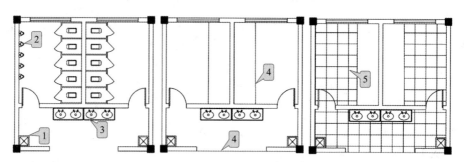

① 插入拖布池图块，镜像右侧对象。

② 插入小便斗图块，复制多个，间距 600。

③ 插入洁具图块，镜像得到两个。

④ 绘制高差线，然后关闭不需要显示的图层，将铺地图层置为当前图层。

⑤ 执行【H】图案填充，选择"NET"图案，设置比例 200。

图7-38

步骤 12 书写房间名称和图名

执行【DT】单行文字命令，分别书写房间名称"男厕所""女厕所""盥洗室""卫生间平面图"，完成卫生间平面图图形的绘制。

痛点解析

痛点 1 夹点不显示

菜鸟：为什么我的这个圆不显示夹点？

学霸：重要提示，锁定图层上的对象不显示夹点，你这个对象应该是在锁定图层上。

菜鸟：不是呀，我的图层没有锁定，也不显示夹点。

学霸：那就是系统变量被修改了。此时可以在命令行输入【GRIPS】，确定，然后输入 2，确定，再试一下单击对象，即可正常显示夹点。

痛点 2 创建的字体样式没有了

菜鸟：为什么刚创建的字体样式，只要单击置为当前，就没有了？

学霸：这个是因为新建的字体没有应用，也就是没有执行文字命令书写内容。新建的字体在默认状态下自动为当前样式，这一点还是需要注意的。

痛点 3 书写的文字"躺平"了

菜鸟：为什么我写出来文字是"躺平"的？

学霸：这是因为你在选择字体时，没有注意到字体文件前面多了一个"@"符号，这代表是旋转 90°的字体，你需要选择没有 @ 符号的字体，如图 7-39 所示。

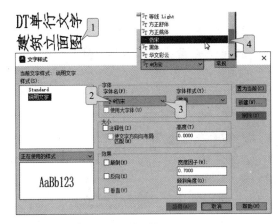

① 文字横躺着。

② 字体设置出错。

③ 单击此处。

④ 向下拖动滚动条，选择没有 @ 符号的字体。

图7-39

　放大招

大招 1　插入的图块颜色、线型与图层不一致

菜鸟：为什么我插入的门的颜色、线型都不对？

学霸：这个问题首先要看当前图层右侧的特性选项卡，我们一直强调在使用图层绘制图形对象过程中，通常需要设置特性匹配对应均为"ByLayer"。如果和如图 7-40 所示一样，那必须先进行修改然后再插入相应图块。

图7-40

① 图层颜色。

② 特性匹配的颜色、线型被修改。

③ 恢复特性匹配为"ByLayer"。

如果特性匹配没有问题，那就应该查看图块，确保图块是不在 0 层绘制的对象，这里需要通过【BEDIT】编辑块定义命令，不过这个命令也不需要快捷键，只需要双击任意一个图块，即可通过在位编辑，弹出"编辑块定义"对话框，如图 7-41 所示。

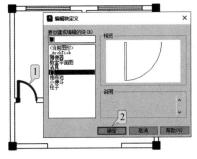 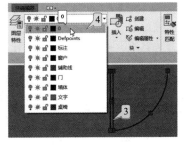

① 双击门图块。

② 在弹出的编辑块定义中按确定。

③ 在弹出的块编辑器中选择组成门的对象。

④ 单击默认选项卡，在图层处选择 0 层。

图7-41

大招 2　插入图块过大

菜鸟：为什么我正常尺寸绘制的图块，插入到新文件中过大，放不进去？

学霸：这里可能是在定义图块过程中忽略了一个问题，块插图的单位与当前文件的单位

输入不一致，导致图块过大或者过小。

　　【UN】，确定，执行图形单位命令，修改插入时的单位，如果原来是英寸，改为毫米，继续执行【I】块插入选项卡，在弹出的提示对话框中单击"重定义块"即可，如图 7-42 所示。

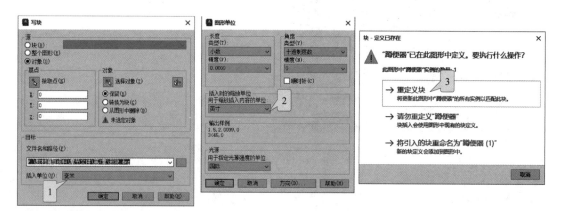

① 执行写块命令时忽略插入单位，保持该单位与现有的图形文件单位一致。

② 输入【UN】，确定，执行图形单位命令，调整插入时的缩放单位与图块单位一致。

③ 继续执行【I】插入选项卡时，提示块已存在，单击"重定义块"即可。

图7-42

大招3　参数缩放

菜鸟： 我的单行文字写完后发现有点大，怎么办呢？

学霸： 单行文字的修改不如多行文字方便，如果执行在位编辑只能修改其内容，所以可以采用缩放命令，缩放命令可以改变对象的大小。缩放可以输入比例，比例值可以是整数、小数，甚至是分数。如果缩放时只有参照对象，不了解比例，也可以通过参照缩放。

【作图步骤】

步骤 1　打开文件

按【CTRL+O】键，打开配套资源库中的"缩放案例 .dwg"文件。

步骤 2　比例缩放

输入【SC】，确定，执行缩放命令，选中需要缩放的文字，确定，指定基点，一般选择对象内部或者对象本身的参考点为基点，输入相应的缩放比例，确定，如图 7-43 所示。

① 原文字字高 600。

② 缩放比例 0.5，字高变为 300。

③ 缩放比例 1/3，字高变为 200。

图7-43

步骤 3　参照缩放

如果需要将小长方形的底边放大到和大长方形相同，则需要用到参照缩放，步骤如图 7-44 所示。

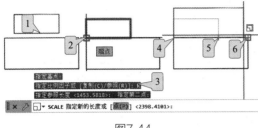

图7-44

① 执行移动命令，移动两个长方形共线。

② 执行缩放命令，指定共线的左侧点为基点。

③ 输入"R"，参照缩放。

④ 捕捉参照第一点。

⑤ 捕捉参照第二点，两点之间为原尺寸。

⑥ 捕捉第三点，第一和第三点间距离为缩放到的长度。

第 8 章
提高与技巧（一）

 知识图谱

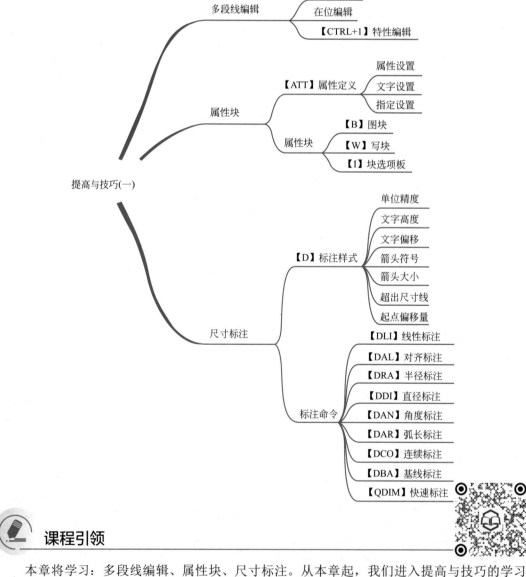

 课程引领

本章将学习：多段线编辑、属性块、尺寸标注。从本章起，我们进入提高与技巧的学习环节，通过这一阶段的学习，将前面学习到的内容融会贯通，综合运用，达到提高的目的。

8.1　线段连接方法

【学习目标】

如图 8-1 所示的两组线段，将不相交的两条线连接，有读者可能想到用直线命令补上就可以了，但是实际上，如果补充线段的话，对于后续编辑修改选择对象带来很多不必要的麻烦，因为看似一条线段，实际上可能是两段，因此这里我们采用更灵活的方式。

图8-1

8.1.1　剪切与延伸

【TR】剪切命令是我们第一个学习的编辑命令，该命令与【EX】延伸命令是一对反向操作命令，也是同一个命令。

这怎么理解呢？查看命令行窗口（图 8-2），两个命令的步骤提示，按【SHIFT】键可以相互实现对方的功能：

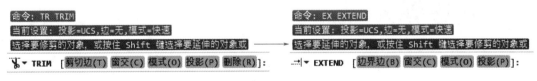

图8-2

所以这两个命令是互通的。

完成第一组线段 1、2 连接。执行【TR】剪切命令，操作过程如图 8-3。

图8-3

输入【TR】，确定，执行剪切命令，快速模式。
① 按住【SHIFT】键，单击线段 1 右侧。
② 单击线段 2 上端。

完成第二组线段 3、4 连接。如果直接执行【EX】延伸命令，因线段没有直接延伸到的边界，所以不能操作，需要绘制一条辅助线，操作过程如图 8-4。

菜鸟： 我怎么单击选择线段提示不能执行呢？

学霸： 请注意，执行延伸命令，单击线段时应该选择单击延伸到边界的一侧，如图 8-5，不能执行是选择的位置不对造成的。

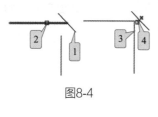

① 绘制一条线段。

② 执行【EX】延伸命令，单击线段 3 右侧延伸。

③ 单击线段 4 上端延伸。

④ 按住【SHIFT】键，单击线段 3 多余部分剪切。

图8-4

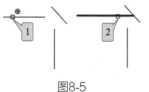

① 单击线段左侧，提示不能延伸。

② 单击线段右侧正常延伸。

图8-5

8.1.2　【CHA】倒角连接

输入【CHA】，确定，执行倒角命令，输入"D"，指定第一段倒角距离为 0，指定第二段倒角距离为 0（如果默认为 0，省略该步），选择线段 1，再选择线段 2，完成连接，继续选择线段 3 和 4，完成连接，如图 8-6。

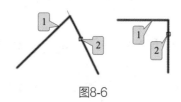

输入【CHA】，确定，执行倒角命令，设置倒角为 0。

① 单击线段右侧。

② 单击线段上端。

图8-6

8.1.3　【F】圆角命令

输入【F】，确定，执行圆角命令，输入"R"，指定圆角半径为 0（如果默认为 0，省略该步），选择线段 1，再选择线段 2，完成连接，继续选择线段 3 和 4，完成连接，如图 8-7。

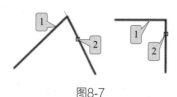

输入【F】，确定，执行圆角命令，设置圆角为 0。

① 单击线段右侧。

② 单击线段上端。

图8-7

8.2　多段线的编辑

【学习目标】

【PL】多段线命令可以绘制多种图例，这在第 4 章已经学习，那么如果要对多段线编辑，该如何进行呢？多段线的编辑实际上包括两个内容：一个是组成多段线的子对象；另一个是多段线的特性。

8.2.1　编辑多段线【PE】

【作图步骤】

步骤 1　打开文件

按【CTRL+O】打开配套资源库中的"多段线编辑案例 .dwg"文件，如图 8-8 所示。两组线段，如何判断是不是多段线呢？这就要看夹点，单击选择对象，即可看到右侧的夹点，线段是多个对象，多段线是一个整体。

图8-8

步骤 2　编辑多段线

多段线编辑命令【PE】，可以合并二维多段线，将线条和圆弧转换为二维多段线，以及将多段线拟合为样条曲线。

输入【PE】，确定，执行多段线编辑命令，选择多段线 2，确定，即可执行多段线的编辑选项。如图 8-9 所示为设置宽度。

① 选择多段线。

② 输入"W"，确定，设置线宽。

③ 输入 20，确定。

④ 改变线宽的多段线。

图8-9

按【SPACE】，重复执行多段线编辑命令，选择多段线 1，此时出现提示"选定的对象不是多段线，是否将其转换为多段线？＜ Y ＞"，这就说明线段 1 是普通线段，按【SPACE】确定，可以将其转换为多段线。转为多段线后，即可按照多段线的选项要求进行设置编辑，如图 8-10 所示。

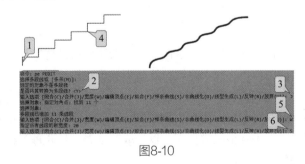

① 选择线段。

② 提示不是多段线，确定转换为多段线。

③ 输入"J"，确定。

④ 选择顺序相连的线段。

⑤ 输入"W"，设置线宽。

⑥ 输入"S"，拟合样条曲线。

图8-10

8.2.2　编辑多段线特性【CTRL+1】

要选择多段线中的某部分对象，则要按住【CTRL】键单击选择，可以选中多段线中的单个圆弧或直线段（也称为子对象）。选中子对象后，可以执行"拉伸""移动""旋转""缩放"等修改。但是不能单独修改多段线线段的特性，比如线宽、颜色或线型。而如果要修改其中的某些特性，只有通过【CTRL+1】特性选项板来完成，如图 8-11 所示为通过特性选项板编辑的效果。

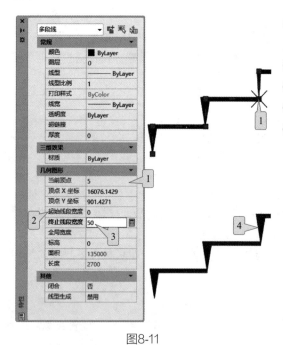

按【CTRL+1】打开特性选项板，单击选择多段线。

① 在特性选项板中选择当前顶点 5。

② 设置起始线段宽度为 0。

③ 设置终止线段宽度为 50。

④ 按【ESC】键取消，显示结果。

图8-11

8.3 块属性定义

【学习目标】

　　块编辑器可以修改图块，不过修改后已经插入的同名块都会进行修改。在有些情况下有利于我们的绘图与编辑修改。而在有些情况下，块的这一特性便存在着问题。

　　比如图框图块中，我们常在图框标题栏位置填写图名、制图人员、审核人员、日期等信息。多张图纸，或者同一文件中用到多个图框时，上面填写的图名、日期这些信息肯定是不一样的。当修改其中一个图框的图名时，其他图框也会跟着修改，这就不利于我们绘图了，所以这种情况就可以做成属性块。

　　属性是将数据附着到块上的标签或标记。属性中可能包含的数据有定位轴号、注释和块的名称等。从图形中提取的属性信息可用于电子表格或数据库，以生成明细表。只要每个属性的标记都不相同，就可以将多个属性与块关联。

　　要定义属性块，首先通过【ATT】命令建立属性，设置标记、提示、默认、文字等选项，点击确定后插入文件中，然后通过【B】或【W】建立块，将属性与图形作为对象定义块，图块便成为了属性块。

8.3.1　定义轴号属性块

🗃️【作图步骤】

步骤 **1**　打开文件

按【CTRL+O】打开配套🖱️资源库中的"定义轴号属性块 .dwg"文件。

步骤 **2**　属性定义

输入【ATT】，确认，弹出"属性定义"对话框，设置如图 8-12 所示的内容。

① 设置属性，输入相应内容。

② 文字设置，设置对正为"中间"，文字高度为"500"。

③ 插入点在屏幕上指定。

④ 按确定后指定圆心为插入点。

⑤ 完成效果。

图8-12

步骤 **3**　定义属性块

输入【B】，确定，打开"块定义"对话框，按照如图 8-13 所示的步骤进行设置。

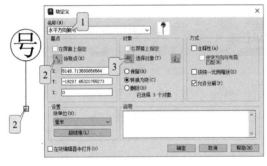

① 输入块的名称。

② 单击拾取点，到绘图区选择直线端点。

③ 单击选择对象到绘图区选择轴号图形和属性。

图8-13

单击确定后，弹出"编辑属性"对话框，如图 8-14 所示，可进行设置，也可直接单击确定，完成属性块的定义。

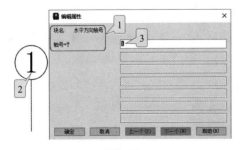

① 属性定义的内容。

② 自动显示的图块。

③ 可设置相应的文字。

图8-14

步骤 4　插入属性块

输入【I】，确定，打开插入块选项卡，插入水平方向轴号图块，在绘图区指定插入点后，弹出图 8-14 所示的"编辑属性"对话框，输入 2，可以看到平面标注中的上轴号。

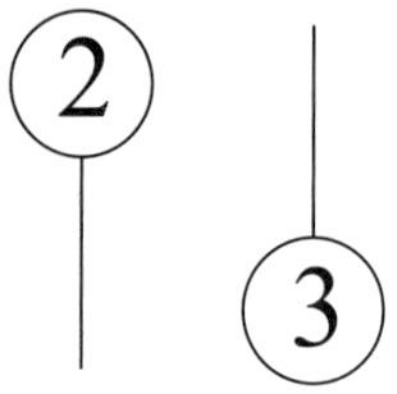

如果设置插入选项卡的比例"Y = -1"，在绘图区指定插入点后，在"编辑属性"对话框输入 3，可以看到平面标注中的下轴号，如图 8-15 所示。

步骤 5　定义垂直方向轴号

重复上述步骤，可以继续完成垂直方向轴号的定义。

菜鸟： 垂直方向的轴号定义还是要按照这个步骤来一遍呀？

学霸： 学习不能怕麻烦呢，如果嫌麻烦，那你需要开动大脑，找到简单方法，比如本例中，可以不去重复定义属性，将组成轴号的圆和直线旋转 90°，然后直接定义属性块。

图8-15

8.3.2　定义标高属性块

📁【作图步骤】

步骤 1　打开文件

按【CTRL+O】打开配套资源库中的"定义标高属性块 .dwg"文件。

步骤 2　属性定义

输入【ATT】，确认，弹出"属性定义"对话框，设置如图 8-16 所示的内容。

① 设置属性，输入相应内容。

② 文字设置，设置对正为"左对齐"，文字高度为"300"。

③ 插入点在屏幕上指定。

④ 按确定后对象捕捉追踪点为插入点。

⑤ 完成效果。

图8-16

步骤 3　定义属性块

输入【W】，确定，打开"写块"对话框，按照如图 8-17 所示的步骤进行设置。

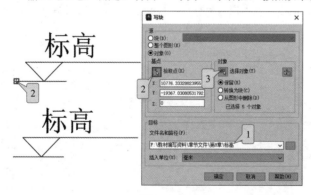

① 输入块的名称。

② 单击拾取点，到绘图区选择直线端点。

③ 单击选择对象到绘图区选择轴号图形和属性。

图8-17

默认情况下，写块命令完成后的图块对象不会自动转换为块，不会像【B】块命令一样能够看到相应的属性编辑对话框。那如果我们要做到像【B】块命令一样的效果，就需要按图 8-18 所示的设置，复选转换为块，这样在完成写块定义后就可以弹出"编辑属性"对话框，如图 8-19 所示。

图8-18

图8-19

8.4　尺寸标注

📖【学习目标】

建筑形体的投影图，虽然已经清楚地表达形体的形状和各部分的相互关系，但还必须注上足够的尺寸，才能明确形体的实际大小和各部分的相对位置。在标注建筑形体的尺寸时，要考虑两个问题，即投影图上应标注哪些尺寸和尺寸应标注在投影图的什么位置。

国标规定，尺寸由尺寸界线、尺寸线、尺寸起止符号和尺寸数字组成，如图 8-20 所示。

尺寸线应用细实线绘画，并应与被注长度平行，但不宜超出尺寸界线之外（特殊情况下可以超出尺寸界线之外）。图样上任何图线都不得用作尺寸线。

尺寸界线应用细实线绘画，一般应与被注长度垂直，其一端应离开图样的轮廓线不小于 2mm，另一端宜超出尺寸线 2 ～ 3mm。必要时可利用轮廓线作为尺寸界线。

尺寸起止符号一般应用 45°中粗短斜线绘制，长度宜为 2 ～ 3mm。在轴测图中标注尺寸时，其尺寸起止符号宜用小圆点。

国标规定，图样上标注的尺寸数字，除标高及总平面图以米（m）为单位外，其余一律以毫米（mm）为单位。图样上的尺寸，应以所注尺寸数字为准，不得从图上直接量取。

图8-20

① 尺寸线。
② 尺寸界线。
③ 尺寸起止符号。
④ 尺寸数字。

8.4.1 创建尺寸标注样式

【学习目标】

要完成尺寸标注，首先需要设置相应的标注样式，然后才能进行图形对象的标注。

【作图步骤】

步骤 1　新建标注样式

输入【D】，确定，打开标注样式管理器，如图 8-21 所示，左侧列出的是当前文件中的标注样式，默认情况下只有"ISO-25""Standard"。对于具体的工程图纸，往往需要根据具体情况创建不同的标注样式，应用于不同类型的标注，比如线型标注、对齐标注、圆弧标注等。

单击右侧区域的新建按钮，在弹出的"创建新标注样式"对话框中进行设置，如图 8-22。

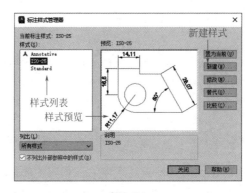

图8-21

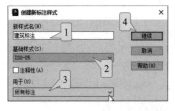

图8-22

① 输入新样式名称"建筑标注"。

② 选择基础样式，默认不选。

③ "用于"标注命令范围，默认不选。

④ 单击继续。

步骤 2　设置标注样式

单击继续按钮后，打开"新建标注样式：建筑标注"对话框，如图 8-23 所示。这里以"建筑标注"样式为依据来学习标注样式设置，根据国标与基础样式"ISO-25"的内容，初始学习阶段调整 7 项内容即可。

第 1 项：设置单位精度。单击"主单位"选项卡，单击精度下拉箭头更改精度为 0，如图 8-24 所示。其余项目，如比例因子，因为最初绘图约定，尺寸输入时以毫米为单位，故不需要调整。

第 2 项：设置文字大小。单击"文字"选项卡，设置文字高度 250，如图 8-25 所示。

第 3 项：设置文字的从尺寸线偏移量。在文字选项卡中，修改文字"从尺寸线偏移"为100，如图8-25所示，目的是打印图纸时，避免文字和尺寸线重合，以便能够清晰显示。

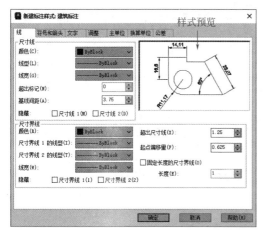

图8-23

图8-24

菜鸟：是不是其他地方我什么时候都不能改变？

学霸：这个倒不是，当我们掌握尺寸标注后，可以根据具体情况进行文字比例、文字位置等设置，初始学习阶段，咱们先进行这些设置。

第4项：设置符号和箭头。单击"符号和箭头"选项卡，如图8-26所示。更改箭头的样式，在箭头位置，单击"第一个"的下拉箭头，更改为"建筑标记"样式，而"第二个"会自动调整。

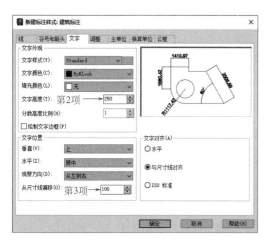

图8-25

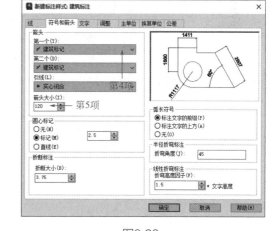

图8-26

第5项：设置箭头大小。在图8-26中设置箭头大小为120。

第6项：设置尺寸界线的超出尺寸线。单击"线"选项卡，设置超出尺寸线数值为400，如图8-27所示。

第7项，设置尺寸界限的起点偏移量。在图8-27中设置起点偏移量为300。

完成上面的7项设置后，单击确定，完成新建标注样式"建筑标注"，如图8-28所示。单击关闭，返回绘图区进行尺寸标注。

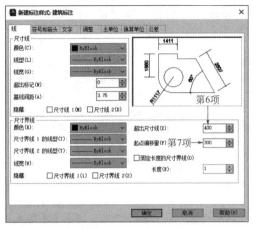

图8-27

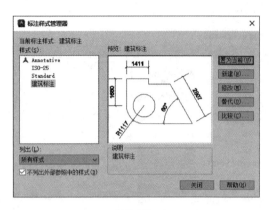

图8-28

8.4.2　线性标注【DLI】

输入【DLI】，确定，执行线性标注命令。标注两点之间的"X"轴或"Y"轴之间的距离。完成标注如图 8-29 所示。

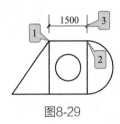

图8-29

① 指定第一个尺寸界线原点。
② 指定第二个尺寸界线原点。
③ 指定尺寸线的位置。

8.4.3　对齐标注【DAL】

输入【DAL】，确定，执行对齐标注命令。创建与尺寸界线原点对齐的标注，完成标注，如图 8-30 所示。

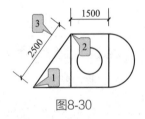

图8-30

① 指定第一个尺寸界线原点。
② 指定第二个尺寸界线原点。
③ 指定尺寸线的位置。

菜鸟：我看到在命令行窗口执行标注提示有"选择对象"，这是怎么操作？

学霸：可以通过选择对象的方式进行标注，步骤如图 8-31 所示。但是要记住，不管是线性标注还是对齐标注，都只能对单个对象执行标注，不能多选。

菜鸟：对齐标注是不是可以替代线性标注？

学霸：在标注与坐标系 X、Y 轴同方向的对象时，对齐标注可以替代线性标注。

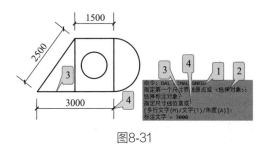

① 输入【DLI】或【DAL】，确定。
② 按【SPACE】键确定，默认选择对象标注。
③ 选择标注对象。
④ 指定尺寸线的位置。

图8-31

8.4.4　半径标注【DRA】

输入【DRA】，确定，执行半径标注命令。选择圆弧或圆对象标注半径，完成标注，如图 8-32 所示。

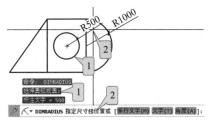

① 选择圆弧或圆。
② 指定尺寸线的位置。

图8-32

8.4.5　直径标注【DDI】

输入【DDI】，确定，执行直径标注命令。选择圆或圆弧对象标注直径，完成标注，如图 8-33 所示。

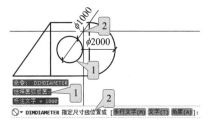

① 选择圆弧或圆。
② 指定尺寸线的位置。

图8-33

菜鸟：半径和直径标注怎么还有多行文字、文字、角度的选项？

学霸：其实不仅仅是半径和直径标注有这三个选项，大多数的标注命令可以进行选项标注，比如增加一行"中心孔"，或者改变文字内容或者角度等，如图 8-34 所示。

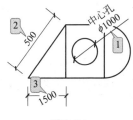

① 执行【DDI】，选定对象后输入"M"，确定后输入一行，确定，指定尺寸线的位置。
② 执行【DLI】，选定对象后输入"T"，确定后输入其他数值，确定，指定尺寸线的位置。
③ 执行【DAL】，选定对象后输入"A"，确定后输入角度 30，确定，指定尺寸线的位置。

图8-34

8.4.6　角度标注【DAN】

输入【DAN】，确定，执行角度标注命令。选择直线、圆或圆弧对象标注角度，完成标注，如图 8-35 所示。

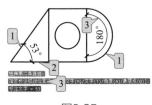

① 选择对象或第一条直线。
② 选择第二条直线（选择对象不需此步）。
③ 指定尺寸线的位置。

图8-35

8.4.7　弧长标注【DAR】

输入【DAR】，确定，执行弧长标注命令。选择圆弧或多段线的圆弧段标注弧长，完成标注，如图 8-36 所示。

① 选择圆弧或多段线的圆弧。
② 指定尺寸线的位置。

图8-36

8.4.8　连续标注【DCO】

连续标注是创建从上一个标注或选定标注的尺寸界线开始的一系列标注。因而，在创建连续或基线标注之前，必须创建线性、对齐或角度等标注。

先执行【DLI】线性标注，再执行【DCO】连续标注，完成标注，效果如图 8-37 所示。

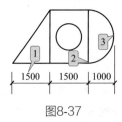

① 执行【DLI】线性标注，完成第一段尺寸标注。
② 执行【DCO】连续标注命令，捕捉一点，自动标注第二段。
③ 继续捕捉点，会连续标注。

图8-37

8.4.9　基线标注【DBA】

基线标注是自同一基线处测量的多个标注。与连续标注不同，基线标注的每一个尺寸都是以第一条尺寸线的基线为依据，这在建筑工程图形中应用较少，而在电子、机械、制造等行业中应用较多。

执行基线标注的步骤和连续标注的步骤是一样的，前提是都要有线性标注、对齐标注或者角度标注。

先执行【DLI】线性标注，再执行【DBA】基线标注，完成标注，效果如图 8-38 所示。

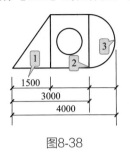

① 执行【DLI】线性标注，完成第一段尺寸标注。

② 执行【DBA】基线标注命令，捕捉一点，自动标注第二段。

③ 继续捕捉点，会一直执行基线标注命令。

图8-38

菜鸟： 我的基线标注怎么都靠这么近？

学霸： 忘记告诉你啦，需要提前执行【D】修改尺寸标注样式，设置"基线间距"为 500，如图 8-39 所示。

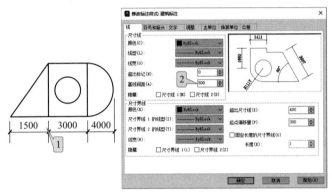

① 基线间距太近，标注不清楚。

② 执行【D】，修改标注中的基线间距为 500。

图8-39

💡 提示：

执行【DIMDLI】基线间距调整命令，直接输入数值 500，可以快速调整基线间距。但是，务必要注意的是，已完成的基线标注间距无法调整了，只有重新执行基线标注才有效。

8.4.10 快速标注【QD】

快速标注可以通过一次选择多个图形对象标注，这是非常有效的方法，尤其是针对基线标注、连续标注以及标注一系列圆或者圆弧的直径、半径、圆点等，如图 8-40 所示为快速标注连续标注的效果。

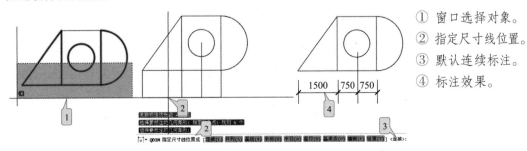

① 窗口选择对象。

② 指定尺寸线位置。

③ 默认连续标注。

④ 标注效果。

图8-40

8.4.11 尺寸标注修改

修改标注尺寸线，包括两个方面：一是标注样式的修改，通过执行【D】修改样式后，可以即时更改已经标注完成的尺寸线样式。二是修改已完成的标注中的尺寸线、尺寸界线、文字位置、文字内容等，这可以通过夹点编辑来完成，如图 8-41 所示。

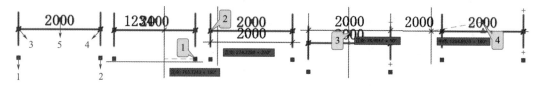

① 夹点 1 和 2 可以调整尺寸界线的位置，尺寸界线移动，尺寸线上的文字动态变化。
② 夹点 3 和 4 移动，水平方向移动不会变化，垂直方向移动则尺寸线可以跟随移动位置。
③ 调整夹点 5，垂直方向移动可以调整尺寸线的位置。
④ 调整夹点 5，水平方向移动可以调整文字的位置。

图8-41

8.5   卫生间平面图尺寸标注

📚【学习目标】

学习尺寸标注的思路和方法，同时通过属性块标注定位轴号，获得如图 8-42 所示的卫生间平面图效果。

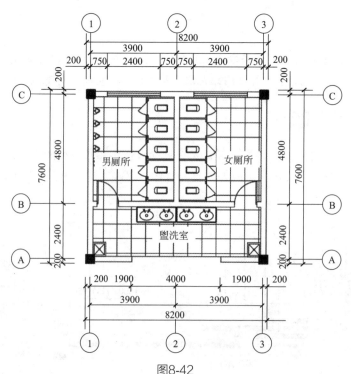

图8-42

【作图步骤】

步骤 1 打开文件

按【CTRL+O】打开配套资源库中的"卫生间平面图.dwg"文件。执行【LA】图层特性管理器，新建标注图层，将标注图层置为当前图层。

步骤 2 完成辅助线

因为本图的尺寸标注相对复杂，因而在标注之前，先作出相应的辅助线。

执行【O】偏移命令，将最外侧的辅助线各向外偏移距离 200，作出柱子边线的辅助线。再将上下柱边线的辅助线分别向外偏移 1000、400、400，在左右方向将柱边线的辅助线分别向外偏移 1000、400，如图 8-43 所示。

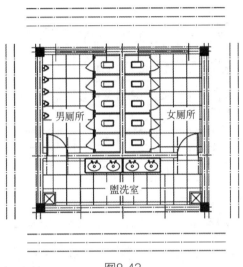

图8-43

步骤 3 设置标注样式

执行【D】打开"标注样式管理器"对话框，新建"建筑标注"样式，根据上述步骤设置相应参数，并置为当前。

步骤 4 快速标注

首先标注上开间的第三道尺寸线，也就是细部尺寸，标注窗户、墙垛、柱子等尺寸。

执行【QD】快速标注命令，窗口选择上开间的辅助线，确定，指定尺寸线的位置，捕捉第一条辅助线。

重复执行快速标注，标注第二道尺寸线，也就是开间尺寸，选择三条墙中心线的辅助线，确定，指定尺寸线位置，捕捉第二条辅助线。

重复执行快速标注，捕捉柱子两端的辅助线，指定尺寸线的位置，捕捉第三条辅助线，得到第一道尺寸线，也就是总尺寸。通过夹点编辑调整部分尺寸线文字的位置，结果如图 8-44 所示。

重复执行步骤 4，得到其余三个方向的尺寸线，如图 8-45 所示。

步骤 5 轴号标注

执行【I】插入块选项卡，插入之前定义的轴号属性块，根据提示输入相应的编号，关闭辅助线后结果如图 8-42 所示。

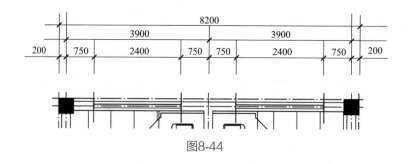

图8-44

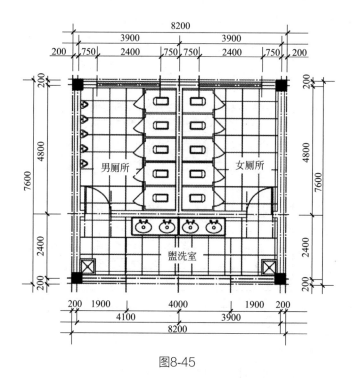

图8-45

痛点解析

痛点 1   使用标注关联性

菜鸟：为什么一些标注在几何图形变化时会更新，而其他标注不会更新？

学霸：更新的标注与其测量的几何图形链接或相关联，这称为"标注关联"。标注可以是关联标注，也可以是非关联标注，具体取决于其创建方式。关联的标注可以根据所测量的几何对象的变化而进行调整。

【作图步骤】

步骤 1   设置关联标注

执行【OP】选项命令，在"用户系统配置"选项卡中，复选"使新标注可关联"，如图 8-46 所示。

步骤 2   标注关联

按照之前的步骤标注尺寸线，向左移动标注对象 50，关联尺寸效果如图 8-47 所示。

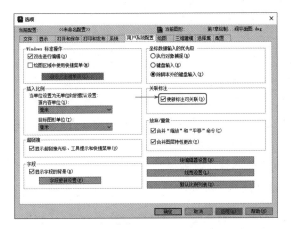

图8-46

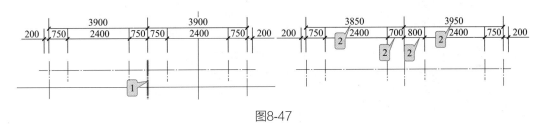

图8-47

步骤 3　取消关联

输入【DIMDISASSOCIATE】，确定，执行取消关联命令，选择需要取消关联的标注，确认即可。

痛点 2　设置测量单位比例

菜鸟： 我标注的数字怎么放大了 10 倍呢？

学霸： 这是因为你在标注样式设置中，设置了测量单位比例，通常按照毫米（mm）为单位绘制图形，标注的单位也是 mm，这样就是按照默认测量比例 1，如果更改了就会出现如图 8-48 所示的标注。

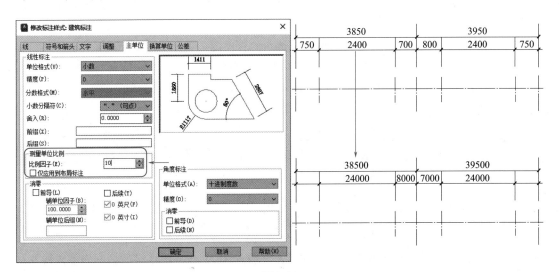

图8-48

放大招

大招 1　设置固定尺寸界线

菜鸟： 标注尺寸时，尺寸界线总是对不齐，像图 8-49 有长有短不好看怎么办？

学霸： 尺寸界线默认设置两项，起点偏移量和超出尺寸线的距离，起点偏移量会受到标注的对象或标注原点的位置影响而长短不一，解决办法就是在尺寸标注样式设置中，忽略起点偏移量，改为固定长度的尺寸界线，设置如图 8-49 所示。

要注意的是，这个修改仅对下次标注的尺寸有效，已完成的尺寸标注不能自动修改。

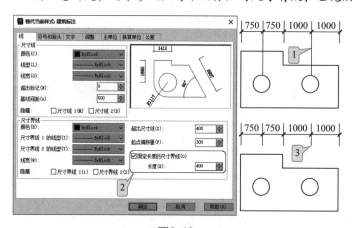

① 仅设置超出尺寸线和起点偏移量后快速标注结果。
② 设置固定长度的尺寸界线 400。
③ 标注整齐的效果。

图8-49

大招 2　圆角与倒角异同

比较圆角与倒角命令的操作步骤和对象特性，有相同也有不同。

相同之处：

① 两者参数设置为 0 时，作用相同，均可以形成直接连接。

② 当两条线段不属于同一图层时，连接的线段或圆弧对象所属的图层为当前图层。如图 8-50 所示，将图层 3 置为当前图层，线段 1 绘制在图层 1，线段 2 绘制在图层 2，倒角和圆角的对象在图层 3。

③ 当两条线段属于同一图层时，圆角与倒角的对象图层为原图层，不属于当前图层。如图 8-51 所示，将图层 3 置为当前图层，线段 1 和 2 绘制在图层 1，倒角和圆角的对象在图层 1，而线段 3 和 4 绘制在图层 2，则倒角和圆角的对象在图层 2，均与当前图层无关。

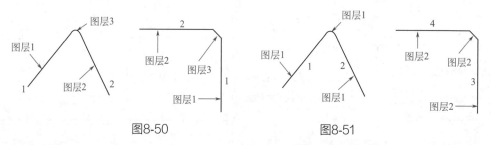

图8-50　　　　　　　　　　　　　　　图8-51

④ 如果两条线段，一条为【PL】多段线，一条为【L】线，则连接后将变为多段线并从属原多段线的特征，即在原多段线的图层，不管连接对象原来在哪个图层，如图 8-52 所示。

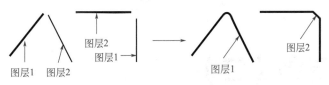

图8-52

不同之处：

倒角命令只能在非平行的两条直线之间进行，而不能对平行线执行。圆角命令则不同，平行线和非平行线都可以执行。

第9章
提高与技巧（二）

 知识图谱

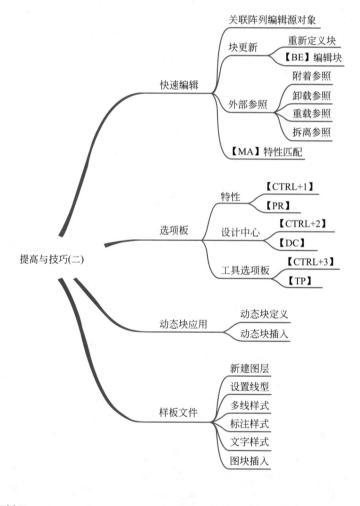

 课程引领

本章将学习：快速编辑、选项板、动态块应用、样板文件。"磨刀不误砍柴工"，样板文件就是我们的"刀"与"利器"，在完成综合案例前，先要进行一些筹划、进行可行性论证和步骤安排，做好充分准备，创造有利条件，这样会大大提高做图效率。

9.1　快速编辑

📖 【学习目标】

如图 9-1 是餐桌和椅子的俯视图，本来的椅子图例简单，后期需要更改为更好看的图例，该如何处理呢？

学习三种方法：一是关联阵列，二是图块更新，三是外部参照。

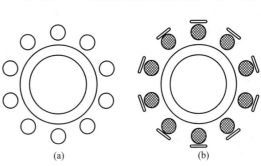

图9-1

9.1.1　关联阵列

📚 【作图步骤】

步骤 1　打开文件

按【CTRL+O】键，打开配套资源库中的"桌椅 .dwg"文件。

步骤 2　阵列椅子

执行【AR】阵列命令，选择椅子，环形阵列，10 个对象，务必选择关联阵列。

步骤 3　编辑来源

单击完成的阵列对象，在功能区阵列选项卡中单击编辑来源，单击任意一个椅子（为方便编辑，此处选择第一个圆），确定，进入阵列编辑状态。

执行【O】偏移命令，向内偏移圆 20。

执行【H】填充命令，填充"ANSI37"图案，设置比例 20，填充内圆。

执行【REC】命令，设置圆角 20，绘制 350×50 的圆角矩形座位靠背。

执行【M】移动命令，移动矩形与圆中心对齐。

完成修改后的椅子如图 9-2 所示，单击功能区选项卡中的保存修改，即可得到图 9-1（b）效果。

图9-2

① 单击编辑来源。

② 单击阵列对象。

③ 在弹出的阵列编辑状态单击确定。

④ 进入编辑，亮显阵列编辑对象。

⑤ 完成椅子图案。

9.1.2　重新定义块

【作图步骤】

步骤 1　打开文件

按【CTRL+O】键，打开配套📚资源库中的"桌椅 .dwg"文件。

步骤 2　定义图块

在执行阵列之前先执行【B】定义图块命令，将小圆定义为"椅子"。

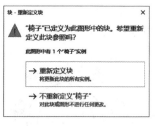

图9-3

步骤 3　阵列椅子

执行【AR】阵列命令，步骤要求同 9.1.1。

步骤 4　重新定义图块

按 9.1.1 步骤 3 重新编辑图块内容，然后执行【B】定义图块。请务必注意，两次定义图块的基点应该相同，选择圆心作为基点。在确定后，弹出如图 9-3 所示的对话框，单击"重新定义块"即可替代原来简单的椅子，得到图 9-1（b）效果。

9.1.3　编辑块

【作图步骤】

步骤 1　重复

执行 9.1.2 中的步骤 1 ~ 3。

步骤 2　块编辑器

输入【BE】，确定，执行编辑块定义命令，弹出如图 9-4 所示的对话框，选择"椅子"后确定，进入块编辑器窗口，如图 9-5 所示，该窗口为灰色界面，在该编辑器下，可以正常应用绘图和编辑命令，完成编辑后单击关闭，在弹出的对话框中选择将更改保存到椅子，即可得到图 9-1（b）效果。

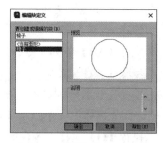

图9-4

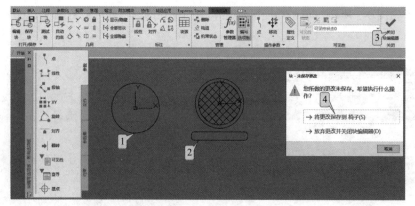

图9-5

① 进入块编辑器后的原有图块内容。

② 绘制编辑完成的新对象。

③ 单击关闭块编辑器。

④ 在弹出的对话框中单击将更改保存到椅子。

9.1.4　外部参照

📖【学习目标】

上述三种快速编辑方式都是在同一文件由一个人完成的操作，如果在设计绘图中，进行了分工协作，一个人专门负责绘制椅子，另一个人则负责桌椅整体布局等，那就可以采用外部参照进行编辑。

在 AutoCAD 中可以将"dwg""PDF"等图形文件附着到当前图形中作为外部参照。

将图形文件附着为外部参照时，可将该参照图形链接到当前图形。打开或重新加载参照图形时，当前图形中将显示对该文件所做的所有更改。

📚【作图步骤】

步骤 1　新建文件

按【CTRL+N】键，新建一个文件，绘制一个圆，指定圆心在（0，0）点，半径为150。按【CTRL+S】键，保存为"椅子参照"。

步骤 2　打开文件

按【CTRL+O】键，打开配套 资源库中的"桌椅 .dwg"文件。

步骤 3　外部参照

输入【XR】，确定，打开外部参照选项板，按照如图 9-6 所示的步骤执行。

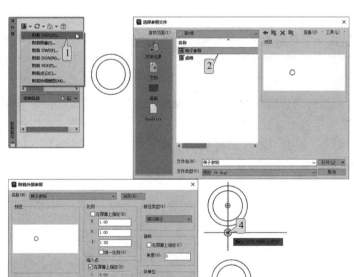

① 单击"附着 DWG"按钮。
② 选择"椅子参照"文件。
③ 在"附着外部参照"对话框中点击确定。
④ 返回绘图区捕捉追踪圆心延伸点。
⑤ 附着参照后的椅子默认淡显 50%。
⑥ 附着外部参照后状态栏托盘右下角增加外部参照图标。

图9-6

步骤 4　阵列椅子

执行【AR】阵列命令，选择椅子，环形阵列，10 个对象，阵列关联可以不选。

步骤 5　转换文件

按【CTRL+TAB】键，转换绘图窗口到椅子参照文件。该命令可以循环操作，只要按住

【CTRL】，再按【TAB】键，会依次转换窗口。

步骤 6　绘制椅子

按照 9.1.1 的步骤 3，完成椅子绘制并按【CTRL+S】键保存。

步骤 7　转换文件

按【CTRL+TAB】键，转换绘图窗口到桌椅文件。此时在状态栏托盘右下角外部参照图标会有提示，按照如图 9-7 所示的步骤执行，即可重载所有参照。

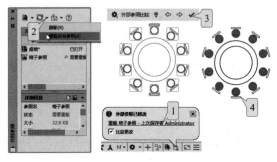

① 单击此处重载外部参照。

② 或者在"外部参照"对话框中单击此处的重载所有参照。

③ 绘图区提示外部参照比较，单击对号。

④ 重载外部参照后所有椅子已更新。

图9-7

9.1.5　特性匹配

【学习目标】

执行【MA】特性匹配，可以将一个对象的某些特性或所有特性复制到其他对象。该命令可以复制的特性类型包括颜色、图层、线型、线型比例、线宽、打印样式、视口特性替代和三维厚度等。

默认情况下，所有可用特性均可自动从选定的第一个对象复制到其他对象。如果不希望复制特定特性，可以使用"设置"选项禁止复制该特性。

某些特性只属于特殊的图形对象，如尺寸标注特性只属于尺寸标注线，文本属性只属于文本，那这些特殊特性只能在同类型对象之间进行复制。

【作图步骤】

步骤 1　打开文件

按【CTRL+O】键，打开配套资源库中的"文字匹配 .dwg"文件。

步骤 2　特性匹配

输入【MA】，确定，执行特性匹配命令，选择"男厕所"为源对象，然后窗口选择其他文字，确定，完成修改，如图 9-8 所示。

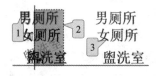

① 单击选择源对象。

② 单击所有需要匹配的文字。

③ 完成特性匹配效果。

图9-8

9.2　选项板编辑

📚【学习目标】

选项板是集中了复杂工具的多项特征，以便设置与修改，常用的选项板有特性、设计中心、工具、外部参照、块等。本节重点学习特性、设计中心和工具选项板的应用。

9.2.1　特性选项板

特性选项板是图形对象特性编辑和管理的工具，常用的特性选项板有两个：一是快捷特性选项板，查看和更改对象的选定特性的设置。二是特性选项板，查看和更改对象的所有特性的设置。

快捷特性选项板如果没有打开显示，需要在状态栏托盘打开，如图 9-9 所示。

① 单击状态栏托盘的此处。

② 选中快捷特性。

③ 状态栏托盘增加快捷特性图标。

图9-9

📁【作图步骤】

步骤 1　打开文件

按【CTRL+O】键，打开配套资源库中的"文字匹配 .dwg"文件。

步骤 2　查看特性

输入【PR】，确定，或按【CTRL+1】键，打开特性，单击"男厕所"文字，可以同时查看快捷特性选项板和特性选项板，如图 9-10 所示。

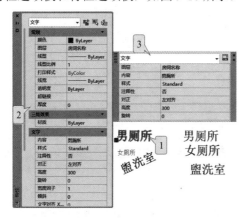

① 单击"男厕所"文字。

② 特性选项板。

③ 快捷特性选项板。

图9-10

步骤 3　修改特性

通过快捷特性和特性选项板都可以修改相应的特性，如图 9-11 所示。

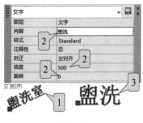

① 单击"盥洗室"文字。

② 修改内容、高度、旋转等信息。

③ 文字实时显示修改结果。

图9-11

步骤 4 不同对象特性

选取对象不同，特性也不同，如图 9-12 所示，选择矩形，查看快捷特性和特性选项板。

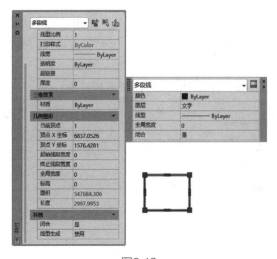

图9-12

9.2.2 设计中心选项板

通过设计中心，可以组织对图形、块、图案填充和其他图形内容的访问，可以将源图形中的 12 项内容拖动到当前图形中，可以将图形、块和填充拖动到工具选项板上。源图形可以位于用户的计算机、网络位置或网站上。另外，如果打开了多个图形，则可以通过设计中心在图形之间复制和粘贴其他内容（如图层定义、布局和文字样式等）来简化绘图过程。

输入【DC】，确定，或按【CTRL+2】键，打开如图 9-13 所示的设计中心选项板，在设计中心的显示窗口单击右键可以执行一系列的操作。

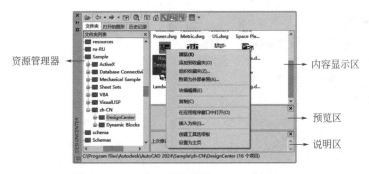

图9-13

【作图步骤】

步骤 1 新建文件

按【CTRL+N】键，新建文件。

步骤 2 打开设计中心

输入【DC】，确定，或按【CTRL+2】键，打开如图 9-13 所示的设计中心选项板，默认打开的选项板为"文件夹"。右侧内容显示区采用大图标显示，左边的资源管理器采用"树状列表"显示，浏览资源的同时，在内容显示区显示所浏览资源的有关细节或内容。也可以搜索资源，方法与 Windows 资源管理器类似。

步骤 3 设计中心添加图层

浏览文件夹列表，单击"卫生间平面图"前的＋号看到详细内容后，通过左键拖移、右键菜单等方式添加图块，如图 9-14 所示。

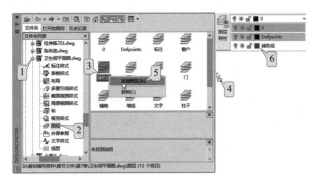

① 单击＋号。

② 单击图层。

③ 单击选定辅助线图层。

④ 拖移到绘图区。

⑤ 或右键菜单添加图层。

⑥ 查看图层管理器已完成的图层列表。

图9-14

步骤 4 设计中心插入图块

设计中心可以共享不同文件的图块，方法如图 9-15 所示。

方法一，通过左键拖移基点插入文件中。

方法二，通过左键双击或右键单击插入块，在弹出插入选项板中设置比例、旋转等，然后插入到当前文件中。

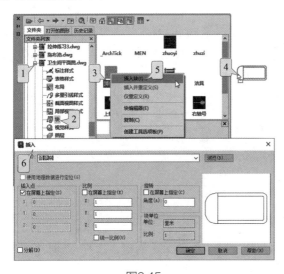

① 单击＋号。

② 单击块。

③ 单击蹲便器块。

④ 拖移块基点到绘图区。

⑤ 或右键单击插入块。

⑥ 弹出插入选项板进行设置后插入到当前文件中。

图9-15

步骤 5　设计中心插入其他

按照上述两种方法，设计中心可以共享不同文件的线型、文字样式、标注样式、外部参照和图表样式等。

9.2.3　工具选项板

通过工具选项板，可以将图块、填充等快速应用到当前文件中。

📚【作图步骤】

步骤 1　打开工具选项板

输入【TP】，确定，或按【CTRL+3】键，打开工具选项板，如图 9-16 所示。默认情况下，工具选项板有多个选项卡，单击工具选项板可插入选中图块到当前图形，方法与设计中心相同。

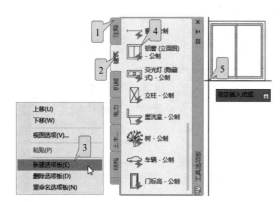

① 工具选项板。
② 当前工具选项板。
③ 当前工具选项板右键菜单。
④ 左键单击选定当前选项板的"铝窗"。
⑤ 绘图区基点插入后可根据命令行窗口提示设置比例和旋转等。

图9-16

步骤 2　创建工具选项板

方法一，通过在工具选项板单击鼠标右键，选择"新建选项板"，然后命名该选项卡为"我的图库"，如图 9-17 所示。

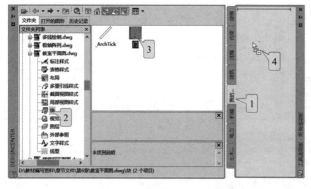

① 新建"我的图库"选项板。
② 通过设计中心打开文件中的块。
③ 单击选中块。
④ 拖移到选项板中，完成创建。

图9-17

方法二，选中设计中心资源管理器的图形文件中的块单击右键，选择 "创建工具选项板"，如图 9-18 所示，快速建立以文件名命名的工具选项板。

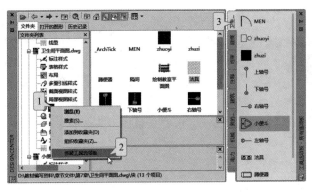

① 通过设计中心打开单击文件的块。

② 右键菜单选择"创建工具选项板"。

③ 快速创建以文件名命名的工具选项板。

图9-18

9.3　动态块应用

9.3.1　动态块

动态块是通过向块编辑器中块添加参数和动作，以重新定义块的一种操作，可以向新的或现有的块定义添加动态的行为。

要使块成为动态块，必须至少添加一个参数和一个动作，并将该动作与参数相关联。添加到块定义中的参数和动作类型决定了块参照在图形中的作用方式。

如图 9-19 所示为一个门的动态块创建过程，在块编辑器中该块包含标有"距离"的线性参数，其显示方式与标注类似，还包含拉伸动作，该动作显示有带闪电的"拉伸"标签。

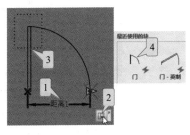

① 添加线性参数。

② 为线性参数添加动作。

③ 设置动作相关的参数和对象。

④ 关闭动态块编辑器后的块显示效果。

图9-19

9.3.2　插入动态块

【作图步骤】

步骤 1　工具选项板添加动态块门

按【CTRL+O】键，打开配套资源库中的"动态块门.dwg"文件。按【CTRL+3】键，打开工具选项板，拖移动态块门到"我的图库"选项板，如图 9-20 所示。

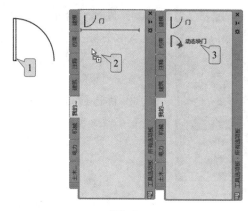

① 打开文件后选中动态块门。
② 拖移至工具选项板"我的图库"。
③ 完成后的工具选项板图块显示。

图9-20

步骤 2 打开文件

按【CTRL+O】键，打开配套资源库中的"别墅平面图 .dwg"文件。

步骤 3 插入动态块

单击工具选项板的动态块门，移动鼠标到绘图区需要的位置单击即可，如图 9-21 所示。

步骤 4 插入所有门

在所有需要门的位置插入动态块门，有多种方法：一是从工具选项板逐一插入，二是执行【CO】复制命令，三是执行【I】插入命令，复选"重复放置"即可，完成后的效果如图 9-22 所示。

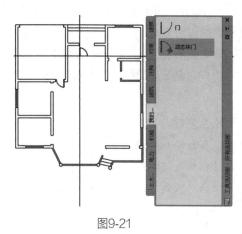

图9-21

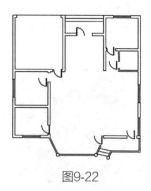

图9-22

步骤 5 调整对齐门

调整对齐门主要应用动态块的夹点编辑功能，依次修改门宽、开启方向及对齐等，如图 9-23 所示。

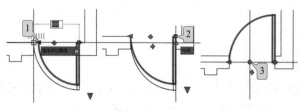

① 夹点修改门宽。
② 夹点对齐墙体。
③ 夹点翻转开启方向。

图9-23

如果是对开的门，可以按照如图 9-24 所示的步骤进行。

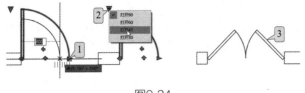

① 夹点修改门宽。
② 夹点修改打开角度。
③ 镜像另一扇门。

图9-24

完成所有的门效果如图 9-25 所示。

图9-25

9.4　样板文件

按【CTRL+N】键，新建文件，之前我们都是直接按【ENTER】键，完成创建，这实际上是按照默认的"acadiso"样板文件打开而新建的。这是系统默认的样板图文件，新建后的文件中只有一个 0 图层，没有图块、标注样式、文字样式、多线样式等，那就需要每次绘图都做重复性的工作，这是非常烦琐的，因而提前设置相应的样板文件是提高作图速度的关键。

9.4.1　创建样板文件

本节展示创建"建筑平面图"样板文件的步骤。

【作图步骤】

步骤 1　新建文件

按【CTRL+N】键，新建文件。

步骤 2　设置单位

根据工程制图国标要求，绘图中通常以毫米为单位输入尺寸。即在 AutoCAD 中，以 1∶1 的比例进行绘制，而在打印输出时，以 1∶100 或其他比例输出。比如建筑实际尺寸为 10m，在绘图时输入的尺寸为 10000。因此，将系统单位设置为毫米（mm），以 1∶1 的比例绘制，输入尺寸不需要进行换算，比较方便。

输入【UN】，确定，打开"图形单位"对话框，修改设置如图 9-26 所示。

步骤 3　建立图层

执行【LA】图层命令，新建辅助线、墙体、柱子、门、窗、文字、楼梯、阳台、标注、轴号等图层，并分别设置不同的颜色。设置部分图层的线型，比如设置辅助线图层为点画线。设置部分图层的线宽，比如设置墙体图层线宽为 0.30mm。设置完成的结果如图 9-27 所示。

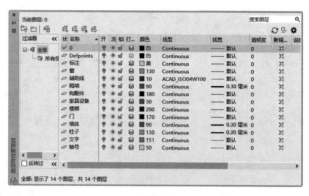

图9-26　　　　　　　　　　　　　　　　　　　　图9-27

步骤 4　调整线型比例和线宽显示

将辅助线图层置为当前图层。执行【L】直线命令，绘制长度为 30000mm 的一条线段。双击鼠标中间滚轮，充满显示。

执行【LT】命令，打开线型管理对话框，设置全局比例因子为 30，辅助线显示为点画线。

将墙体图层置为当前图层。执行【L】直线命令，任意绘制一条线，没有显示出线宽 0.30mm，此时需要打开状态栏托盘的线宽显示，单击▤图标，就可以显示宽度。

步骤 5　设置文字样式

根据工程制图国标要求，打印出来的文字大小通常是 3.5 号字、5 号字和 7 号字，所以可以设置三种固定高度的文字样式。

执行【ST】命令，打开字体管理对话框，新建文字样式"3.5 号字"、"5 号字"和"7 号字"，设置字体为"仿宋"，字高分别为 250、350 和 500，宽度因子设置为 0.7，如图 9-28 所示。

图9-28

步骤 6　设置标注样式

按【CTRL+2】键，打开设计中心，将之前文件中设置好的"建筑标注"等样式共享到文件。

步骤 7　设置多线样式

执行【MLSTYLE】命令，打开多线样式对话框，设置"墙体""窗户"等多线样式，并将墙体样式置为当前样式。

步骤 8　插入图块

为减少在绘制过程中图块的创建，可以在样板文件中置入图块。可以直接在样板文件中定义图块，也可以采用【I】块插入选项板、设计中心插入方式，还可以采用工具选项板方式。

步骤 9　存盘为".dwt"文件

执行【E】删除命令，删除图形中的所有图形对象。

按【CTRL+S】保存文件，选择保存文件类型为"AutoCAD 图形样板（*.dwt）"，命名为"建筑平面图样板"，单击保存，弹出如图 9-29 所示的提示框，确定，完成整个样板图文件的制作。

图9-29

9.4.2　从样板新建文件

创建完样板文件后，执行【CTRL+N】新建文件，在弹出"选择样板"对话框后，查找自己保存的样板文件，单击打开即可完成新建文件，如图 9-30 所示。

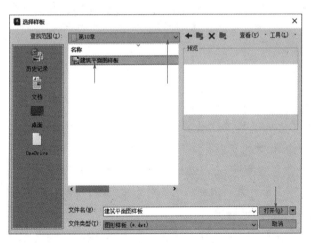

图9-30

9.4.3　图形清理

由于采用自定义样板新建文件，另外在绘图过程中，可能会因为插入图块、定义线型、设置文字样式等原因，大量的垃圾信息存在于图形文件中，造成文件过大，从而使 AutoCAD 的文件在保存、显示、传输等过程中非常不便。

为了解决这样的问题，AutoCAD 提供了图形清理命令，可以实现对图形中出现的多余设置，包括：标注样式、表格样式、材质、打印样式、多线样式、多重引线样式、块、视觉样式、图层、文字样式、线型等进行清理。

【作图步骤】

步骤 1　保存文件

在执行图形清理之前，务必保存好文件，按【CTRL+S】键，保存文件。

步骤 2　图形清理

输入【PU】，确定，打开图形"清理"对话框，如图 9-31 所示。

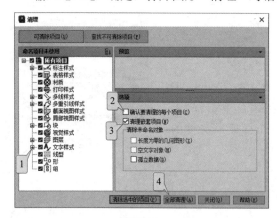

① + 号代表有嵌套可以清理的项目。

② 取消确认要清理的每个项目。

③ 复选清理嵌套项目。

④ 单击全部清理。

图9-31

步骤 3　保存文件

按【CTRL+S】键，保存文件。查看文件属性，比较在清理前后文件大小的改变，越是内容复杂文件大的图形，在清理前后的变化越大。

痛点解析

痛点 1　巧用【SHIFT】删除选择对象

菜鸟：哎呀，好不容易选择了这么多对象，可发现有多选的一两个对象，怎么办呢？如果放弃了，重新选择太浪费时间了，有没有好办法？

学霸：记住一个快捷键就好了，在选择对象过程中，如果出现多选的对象，及时按【SHIFT】键，然后选择多余对象，则会从已选对象中删除，继续执行操作。

痛点 2　打开文件提示无参照

菜鸟：我的文件打开时，提示如图 9-32 所示的参照文件未找到，怎么回事？

学霸：当出现提示参照文件未找到时，是因为参照的文件没有跟随打开文件而复制到同一个文件夹内，或者说在参照中没有设置相对路径。

解决方法一是通过如图 9-32 所示的外部参照选项卡更新路径，替换参照；二是找到参照文件复制到打开文件所在的文件夹中，重新打开文件即可。

痛点 3　缩放后文字乱了怎么办

菜鸟：缩放图形时，文字也一起被缩放了，看起来不太好看，如图 9-33 所示，如果一个一个修改字高或用特性匹配来修改都比较麻烦，有什么好办法吗？

学霸：执行【SCALETEXT】命令，选择所要修改的所有文字，可以使用快捷选择法，因为该命令只能选择出文字，对非文字是不会选择的，所以可以输入"ALL"，确定，表示选择所有文字对象，然后根据提示选择文字的基点并确定，再输入缩放比例或指定字高，确定，即可瞬间完成所有文字的修改，如图 9-33 所示。

① 打开文件出现提示，单击打开"外部参照"选项板。

② 打开文件后的外部参照选项板出现警示。

③ 单击右键，单击选择新路径，查找参照文件。

图9-32

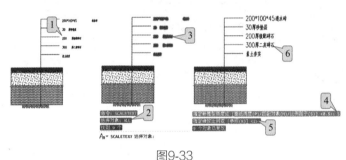

① 文字过小。

② 执行【SCALETEXT】命令，输入"ALL"，确定。

③ 选中所有文字，确定。

④ 输入"S"，确定。

⑤ 输入 2，确定。

⑥ 所有文字在现有位置放大 2 倍。

图9-33

 放大招

大招 1　参数快速选择

菜鸟：除了我们之前用到的选择对象方法，还有没有更快的方法呢？

学霸：在提示选择对象时，我们还可以通过输入参数响应快速选择，比如：

输入"ALL"，确定，可以选择所有可见的实体对象。

输入"L"，确定，可以选择最后一次操作的实体对象。

输入"P"，确定，可以选择上次的选择集。

大招 2　查询命令

菜鸟：我知道，执行【DI】测量工具，可以查询两点之间的距离。那如果查询某个对象的长度信息，比如圆弧，怎么办呢？

学霸：如果要查询某一对象的长度等信息，可以通过以下命令获得：

① 输入【LI】，确定，执行列表工具命令，选择需要测量的对象，确定，可以在弹出的文本窗口查询需要的信息。

② 输入【LEN】，确定，执行更改长度命令，选择需要测量的线段或圆弧，命令行窗口就可以显示出当前对象的长度和夹角。

③ 按【CTRL+1】键，执行特性命令，可以获得对象的所有信息，而且适应所有对象。

④ 双击需要测量的线段，可打开快捷对象属性，获取线段长度信息。

菜鸟：那如果要查询对象面积怎么办？

学霸：查询面积通过【AA】面积命令可以获得，当然【CTRL+1】特性和【LI】列表也可以获得对象的面积。只不过，当我们查询不规则图形围合的面积时就不那么容易了。

查询几个不规则对象围合面积，需要通过【BO】边界命令，获得围合区域的多段线或者面域对象，从而再通过【AA】等命令查询。

【作图步骤】

步骤 1　打开文件

按【CTRL+O】键，打开配套资源库中的"查询面积.dwg"文件。

步骤 2　生成边界

输入【BO】，确定，弹出"边界创建"对话框，按照如图 9-34 所示的步骤生成多段线或者面域对象。

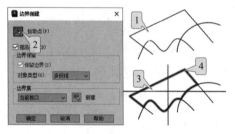

① 围合不规则区域。

② 执行【BO】边界创建，单击拾取点。

③ 返回绘图区，在不规则区域点击。

④ 形成不规则面域对象。

图9-34

步骤 3　查询面积

输入【AA】，确定，输入"O"，确定，选择对象面域，确定，查询面积、周长等信息，如图 9-35 所示。

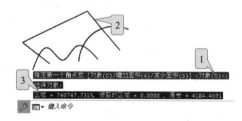

① 输入"O"，确定。

② 选择面域，确定。

③ 查询到的面积、周长等信息。

图9-35

大招 3　撤销与恢复操作

菜鸟：我知道，输入【U】，确定，即可撤销一步操作，如果继续确定，则会继续撤销，一直到需要的图形，对吧？

学霸：是的，撤销也可以按【CTRL+Z】键。如果撤销错了，需要恢复操作，则按【CTRL+Y】键。

不过，如果是撤销几步，这样比较方便，但是如果撤销步数太多，则可以通过【UNDO】命令来撤销。输入【UNDO】，确定，出现如图 9-36 所示的命令行提示。

图9-36

通过【UNDO】命令选项可以一次撤销多个操作。"开始"和"结束"将若干操作定义为一组，"标记"和"后退"与放弃所有操作配合使用返回到预先确定的点。

如果使用"后退"或"数目"放弃多个操作，AutoCAD 将在必要时重生成或重画图形。这将在【UNDO】结束时发生，因此，执行【UNDO】命令，输入数值 5，确定，图形只重生成一次；而执行【U】命令，重复 5 次，则视图重生成 5 次，这对于复杂图形来说，可以节省时间。

不过，【UNDO】撤销对一些命令和系统变量无效，包括打开、关闭或保存文件以及图形显示信息、更改图形显示、重生成图形和以不同格式输出图形的命令及系统变量等。

第 10 章
综合案例

 知识图谱

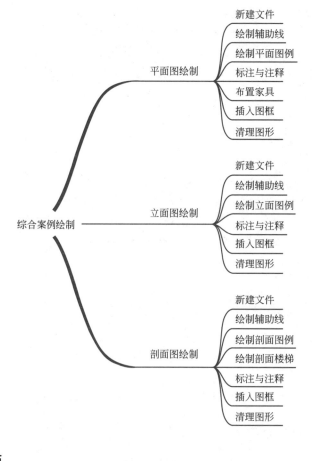

 课程引领

本章将学习：平面图绘制、立面图绘制、剖面图绘制。本章的内容是综合案例的学习，提高综合运用的能力。

习近平总书记强调："学史力行是党史学习教育的落脚点，要把学史明理、学史增信、学史崇德的成果转化为改造主观世界和客观世界的实际行动。"这一重要论述在理论上和实践中都具有深刻而重大的含义。学与用、知与行的关系，是学习的核心问题。习近平总书记反复强调学以致用、用以促学、学用相长，不仅为我们树立了正确的学习观，而且也为我们指明了科学的方法论，对我们端正学风、科学学习、提高学习效率具有重要指导意义。

　　本章的三个综合案例就是理论与实践结合的典型案例，是检验我们前期理论学习的有效方式，是达成工程相关专业人才培养目标的实践要求。

【学习目标】

　　综合所学的基础、进阶与提高技巧，绘制建筑平面图、立面图和剖面图，明确综合案例绘图的思路方法，学会分析图形，简化作图过程，提高绘图速度。

10.1　平面图绘制

【作图步骤】

　　步骤 1　新建文件

　　按【CTRL+N】键，新建文件，选择配套资源库中的样板文件"平面图样板 .dwt"，确定，新建文件。按【CRTL+S】键，保存文件，命名为"住宅标准层平面图"，确定。

　　步骤 2　绘制辅助线

　　由于该住宅平面图为左右对称结构，故在绘制时，先绘制左侧的一半内容。将辅助线图层置为当前图层，绘制辅助线，如图 10-1 所示。

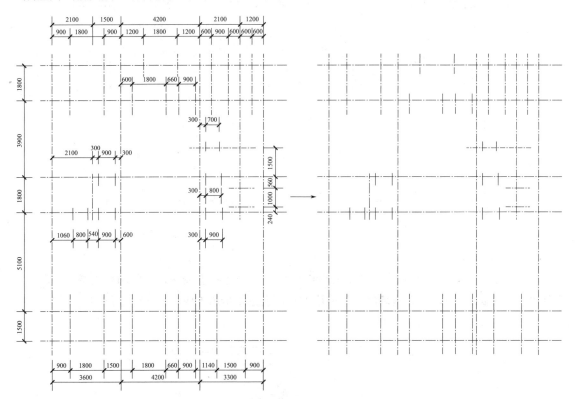

图10-1

步骤 3 绘制墙线

将墙体图层置为当前图层，执行【ML】多线命令，设置多线样式为"墙体"，比例为"240"，对齐方式为"无"，打开对象捕捉，绘制相应的墙体；然后设置多线的比例为"120"，绘制相应的隔墙。绘制完成的墙体如图 10-2（a）所示，双击任意一条多线，执行多线编辑命令，编辑后的墙体如图 10-2（b）所示。

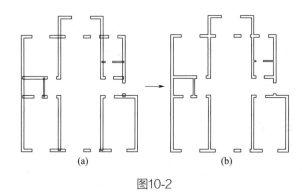

(a)   (b)

图10-2

步骤 4 绘制窗户

将窗图层置为当前图层，执行【ML】多线命令，设置多线样式为"窗户"，比例为"240"，对齐方式为"无"，捕捉窗户所在的点，绘制窗户，如图 10-3 所示。

步骤 5 插入动态块门

将门图层置为当前图层，插入已经绘制好的动态块门的图例，可以通过【I】插入命令，也可以通过【CTRL+3】工具选项板。多次插入或者复制后，调整夹点，如图 10-4 所示。

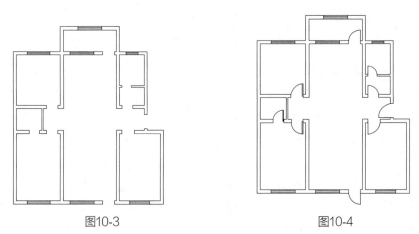

图10-3   图10-4

步骤 6 绘制阳台

将阳台图层置为当前图层，打开辅助线图层，执行【PL】命令，绘制阳台内墙线，再执行"O"偏移命令，将阳台内墙线向外偏移 120，得到如图 10-5 所示的阳台。

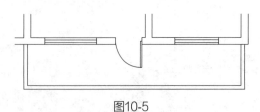

图10-5

步骤 7　绘制柱子

将 0 层置为当前图层。执行【REC】矩形命令，绘制尺寸为 240×240 的矩形柱子，再执行【H】填充命令，选择"SOLID"实体填充。执行【W】写块命令，将做好的柱子命名为"240 柱子"，注意选择柱子的中心点为插入点，方便插入时的操作。

将柱子图层置为当前图层，执行【I】插入命令，将柱子依次插入墙体构造柱的位置中，完成后如图 10-6 所示。

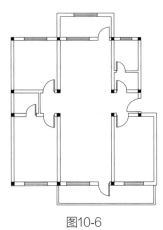

图10-6

步骤 8　标注门窗尺寸和辅助线尺寸

为了让标注出来的尺寸线美观大方，首先设置多道尺寸线的间距，以便标注完成后尺寸线间距相同。

打开辅助线图层，将上、下侧最端部的辅助线分别向外偏移距离 1500、600、600，再将左侧最端部的辅助线向外偏移距离 1500、600，执行【D】标注样式命令，设置当前标注样式为"建筑标注"。

执行【QD】快速标注命令，选择辅助线，标注与外墙相关的上、下、左侧的尺寸线。如果自动标注的尺寸线文字位置不合适，可执行夹点编辑修改，完成后如图 10-7 所示。

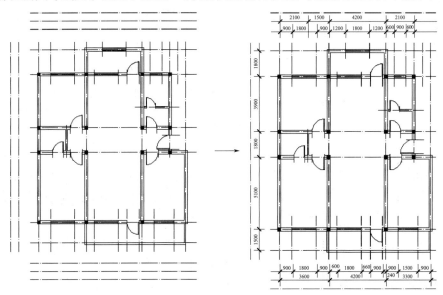

图10-7

步骤 9   执行镜像

镜像之前一定要了解清楚镜像的内容，避免出现交叉或者重复线。本图例需要根据居中的辅助线进行必要的剪切。

执行【X】分解命令，选择最右侧的墙线，分解。再执行【TR】剪切命令，完成后如图 10-8（a）所示。

执行【MI】镜像命令，如图 10-8（b）所示。

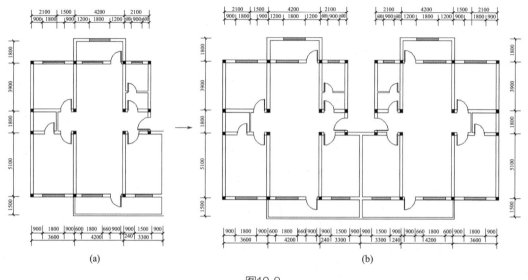

(a)   (b)

图10-8

步骤 10   绘制楼梯间

执行【ML】多线命令，绘制楼梯间的墙体和窗户。再完成楼梯的踏步、梯井、扶手等内

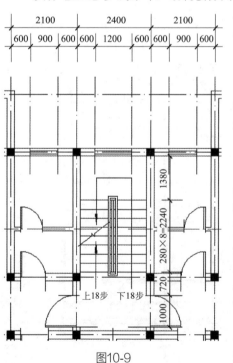

图10-9

容。执行【DCO】连续标注命令，完成楼梯间处的尺寸标注，如图 10-9 所示。

步骤 11   标注总尺寸线

执行【QD】快速标注命令，标注上下左右的总尺寸。执行【I】插入命令，完成定位轴号的标注，关闭辅助线效果如图 10-10 所示。

步骤 12   布置房间内的家具

在户型图左侧布置家具。将家具图层置为当前图层，如果样板中缺少图层，可以创建。按【CTRL+2】键，打开设计中心，选择适宜房间的家具进行布置，也可以通过其他图库文件获取，调整适当的比例。补充标注房间内部尺寸和房间名称，结果如图 10-11 所示。

步骤 13   插入图框

完成图名标注，插入图框，结果如图 10-12 所示。

步骤 14   图形清理

按【CTRL+S】键，保存文件，再执行【PU】图形清理命令，完成后再次保存文件。

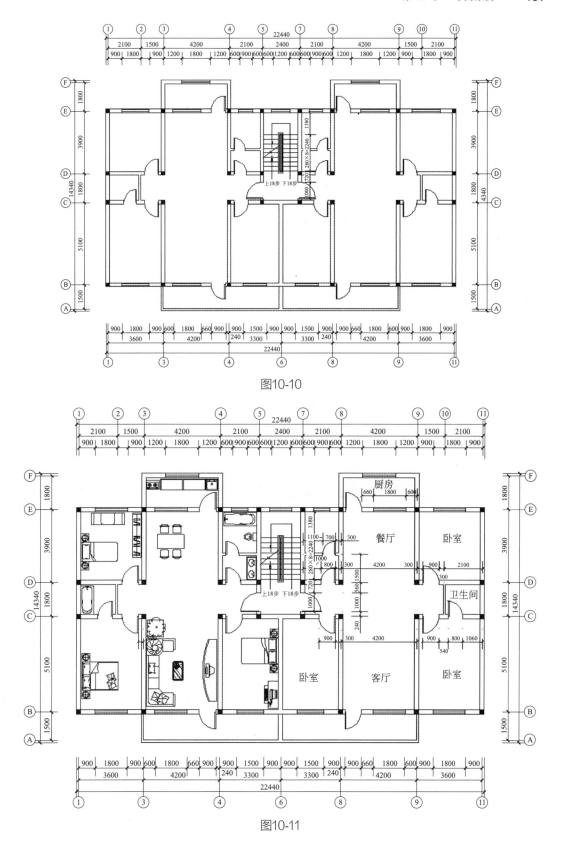

图10-10

图10-11

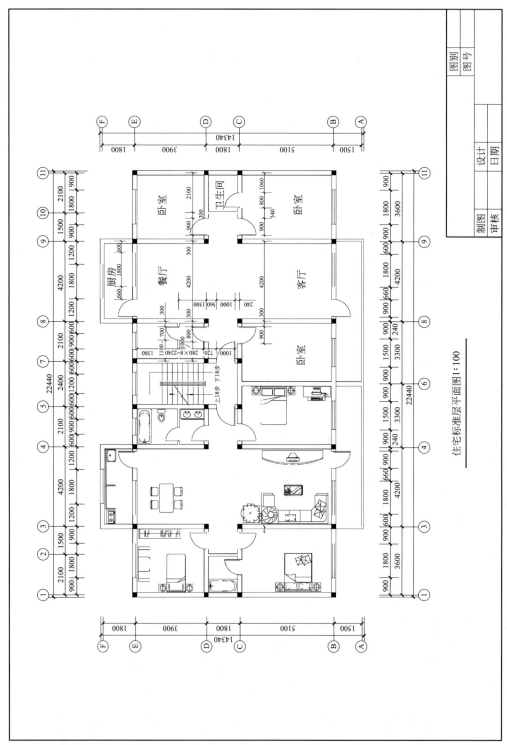

住宅标准层平面图1：100

图10-12

10.2 立面图绘制

🗃️ 【作图步骤】

步骤 1 新建文件

按【CTRL+N】键，新建文件，选择配套🗐资源库中的样板文件"立面图样板 .dwt"，确定，新建文件。按【CRTL+S】键，保存文件，命名为"住宅立面图"，确定。

步骤 2 绘制辅助线

执行【I】插入命令，或者【XR】参照命令，将 10.1 节的平面图引入到当前图形中，便于绘制辅助线和作为立面绘图的参考。

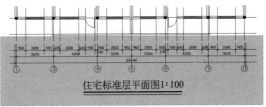

执行【S】拉伸命令，交叉窗口选择如图 10-13 所示的内容，将辅助线、图名等向下方拉伸和移动。

图10-13

执行【L】直线命令，绘制一条水平辅助线。执行【O】偏移命令，将水平辅助线偏移获得各楼层的辅助线，如图 10-14 所示。

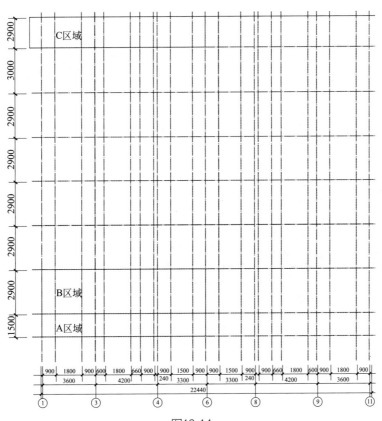

图10-14

本案例需要绘制的图形主要包括①～⑥轴的三个区域，A 区域为半地下室立面，B 区域为楼层立面，C 区域为屋顶立面。因而首先需要绘制 A、B 区域的门窗、阳台、构造线等图形的定位位置，根据图 10-15 所示尺寸完成辅助线。

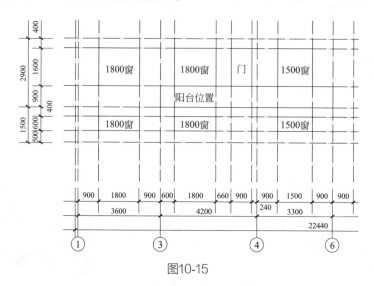

图10-15

步骤 3   绘制 A 区域窗户

A 区域为半地下室部分，该部分的窗户有两种宽度尺寸（1800 和 1500）。按【CTRL+3】键，打开工具选项板，选择建筑选项卡中的"铝窗（立面图）- 公制"，插入到当前图形中，由于该动态块的默认设置宽度仅为 1500，所以需要修改动态块的设置。

双击该动态块，进入动态块编辑器窗口，单击"窗宽度"参数，再按【CTRL+1】键打开特性选项板，单击距离值列表，在弹出的对话框中，添加 1800 尺寸值，如图 10-16 所示，保存并退出动态块编辑器。

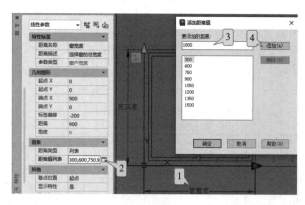

① 打开特性选项板，单击"窗宽度"参数。
② 单击特性中的距离值列表。
③ 弹出添加距离值，输入 1800。
④ 单击添加后，确定返回。

图10-16

复制其他窗户，调整参数后的 A 区域窗户效果如图 10-17 所示。

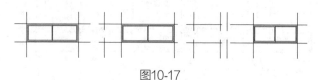

图10-17

步骤 4　绘制 B 区域的门窗

B 区域为一楼的门窗，与其他各层相同，只需要将该楼层门窗作好，采用阵列或复制方法就可以得到其他各层的门窗。

执行【I】打开插入选项板，浏览选择配套资源库中的"动态块窗户"和"立面门"文件，插入到当前图形中，并根据设计尺寸调整门窗，完成后如图 10-18 所示。

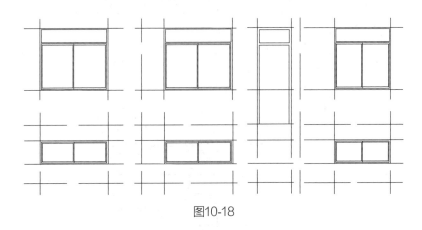

图10-18

步骤 5　绘制阳台栏板

根据如图 10-19 所示的尺寸绘制阳台栏板的轮廓线。

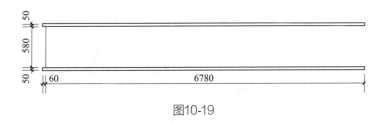

图10-19

根据图 10-20（a）的尺寸绘制阳台栏板图例，并定义为图块，执行复制或者阵列后，效果如图 10-20（b）所示。

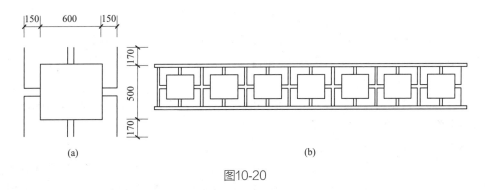

图10-20

移动整组阳台栏板图例到如图 10-21 所示的位置。

步骤 6　完成其他楼层门窗和阳台

执行阵列或复制命令，选择一楼的门窗和阳台，完成后的效果如图 10-22 所示。

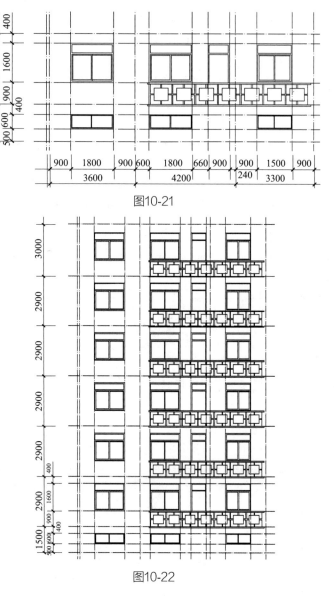

图10-21

图10-22

步骤 7 绘制单元对侧及组合立面图

执行【MI】镜像命令，以⑥轴线为镜像参考线，镜像复制后效果如图 10-23 所示。

将墙体图层置为当前图层，执行【REC】矩形命令，绘制阳台分户墙线，底端与阳台下侧对齐，上端与屋顶下缘对齐。

执行【CO】复制命令，选择单元立面的阳台和门窗，输入距离值 22200、44400，复制生成其他两个单元的立面门窗和阳台。

步骤 8 绘制屋顶图例

将屋顶图层置为当前图层，按照如图 10-24（a）所示的尺寸，通过【O】偏移命令得到屋顶辅助线，然后执行【REC】矩形命令、【H】填充命令、【L】直线命令等完成屋顶，如图 10-24（b）所示。

步骤 9 绘制外轮廓线和地面线

将轮廓线图层置为当前图层，执行【PL】命令，绘制线宽 100 的地面线和线宽 60 的外轮廊线，如图 10-25 所示。

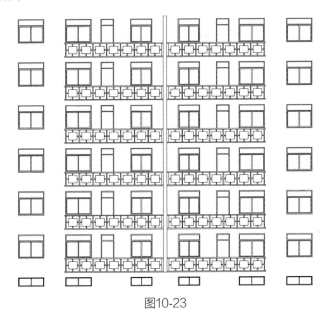

图10-23

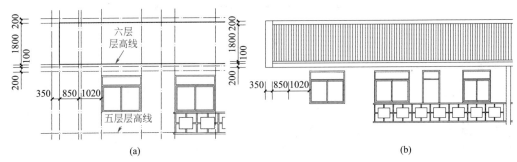

(a) (b)

图10-24

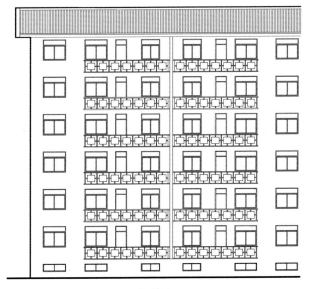

图10-25

步骤 10   标注尺寸线

在立面图中，通常标注左右两侧的尺寸线，包括门窗的细部尺寸、层高尺寸和总高度尺寸。以左侧为例，首先绘制一条垂直参考线，将对应的门窗、阳台、楼层等辅助线延伸到同一位置线。再执行【O】偏移命令，将最外侧辅助线向左偏移 1500、500、500、500，作为尺寸线所在位置。

将尺寸标注图层置为当前图层，执行【D】尺寸标注样式，调整建筑标注样式中的文字高度为220。执行【QD】快速标注，完成标注后适当调整，局部效果如图 10-26 所示。

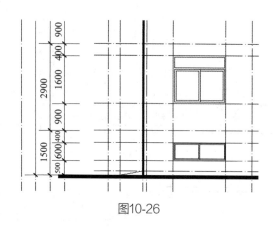

图10-26

步骤 11   标注标高

标高分两部分，即层高标高和门窗标高。为了清楚美观，如图 10-27 所示，左侧标注层高标高，右侧标注门窗标高。执行【I】打开插入选项板，浏览选择配套资源库中的"标高"属性块文件，插入到当前文件中，根据标高位置复制或插入属性块后输入相应的高度值。

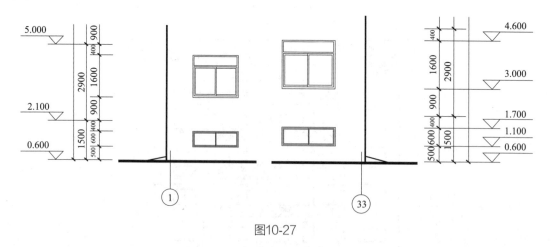

图10-27

步骤 12   插入图框

补充其他遗漏立面图例，完成图名标注，插入图框，结果如图 10-28 所示。

步骤 13   图形清理

按【CTRL+S】键，保存文件，再执行【PU】图形清理命令，完成后再次保存文件。

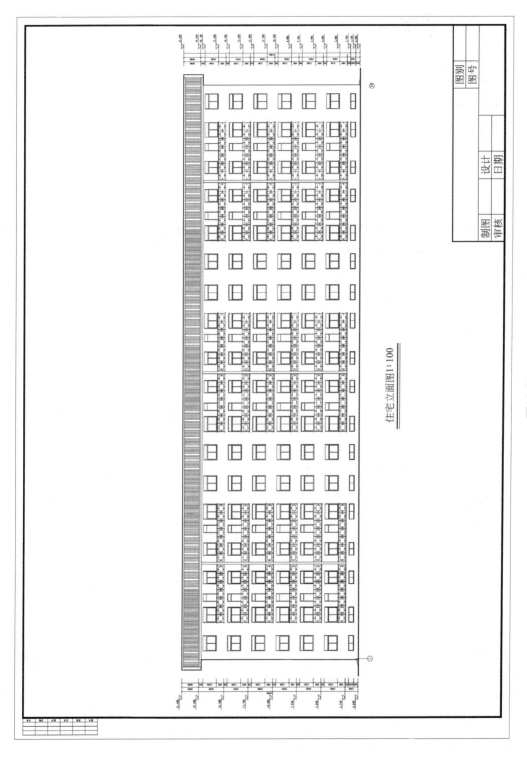

住宅立面图1:100

图10-28

10.3　剖面图绘制

【作图步骤】

步骤 1 新建文件

按【CTRL+N】键，新建文件，选择配套资源库中的样板文件"剖面图样板 .dwt"，确定，新建文件。按【CRTL+S】键，保存文件，命名为"住宅剖面图"，确定。

步骤 2 绘制辅助线

执行【I】插入命令，将 10.2 节案例的立面图引入到当前图形中，便于绘制辅助线和作为剖面绘图的参考。

执行【L】直线命令，在剖切位置绘制一条辅助线。然后执行【TR】剪切命令，剪切剖视方向另外一侧的对象，如图 10-29 所示。

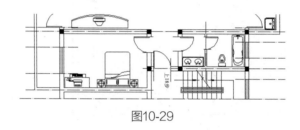

图10-29

根据图 10-30（a）所示的位置，继续绘制辅助线，然后再复制得到其他辅助线，如图 10-30（b）所示。

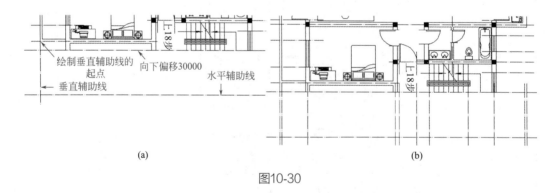

(a)　　　　　　　　　　　　　　　(b)

图10-30

执行【O】偏移命令，分别将水平辅助线向上偏移距离 600、1500、2900、2900、2900、2900、2900、3000、2000，得到楼地板层高辅助线，如图 10-31 所示。

辅助线表示所需要绘制的图形主要有五个区域，左侧的地下室和标准层阳台房间，右侧的地下室坡道和标准层楼梯间，顶部的坡屋顶。

步骤 3 绘制标准层楼板、阳台及房间内墙体门窗

执行【O】偏移命令和【S】拉伸命令，得到细部辅助线，如图 10-32 所示。

剖面图中楼板层需要填充，而且有一定的宽度，虽然可以使用【PL】多段线来绘制，但多段线只能与辅助线中心对齐，绘制楼板不合适，所以利用多线方式绘制。

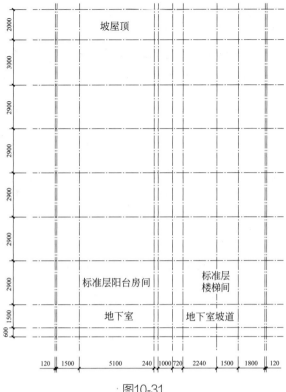

图10-31

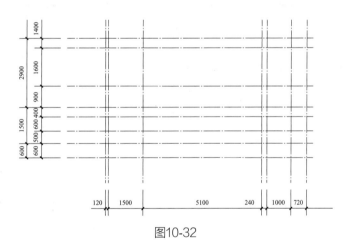

图10-32

　　将楼板图层置为当前图层。在剖面图样板中，已经提前创建了"楼板"多线样式。执行
【ML】多线命令，设置多线为"对正＝上，比例＝ 120.00，样式＝楼板"，绘制如图 10-33 所
示的楼板。

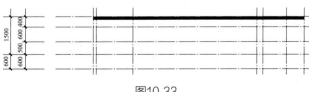

图10-33

　　将梁图层置为当前图层。重复执行多线命令，设置多线为"对正＝无，比例＝ 250.00，

样式＝楼板"，绘制梁，结果如图 10-34 所示。

将阳台图层置为当前图层，绘制阳台栏板，首先按图 10-34（a）所示尺寸绘制阳台部位的辅助线。然后执行【ML】多线命令，设置多线"对正＝上，比例＝60.00，样式＝楼板"，绘制多线，如图 10-34（b）所示，中间白色区域可用矩形或者直线命令绘制。

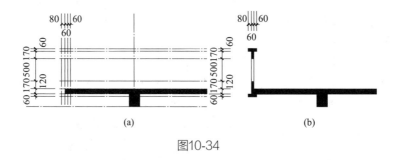

图10-34

绘制房间内墙体和门窗，执行【ML】多线命令，分别在对应图层绘制剖面的墙体和门窗，如图 10-35 所示。

图10-35

复制生成其他各层楼板、阳台和房间内墙体门窗。

执行【AR】阵列或【CO】复制命令，选择如图 10-35 所示的所有对象，复制得到六个楼层图形。檐口部分可根据如图 10-36 所示进行适当调整。

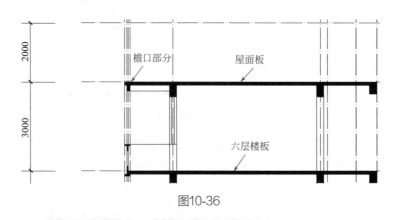

图10-36

步骤 4   绘制左侧地下室墙体门窗

执行【ML】多线命令，绘制墙体、门窗、地下室地面等多线图例，如图 10-37 所示。

步骤 5   绘制右侧楼梯

转换到楼梯图层，执行【PL】多段线命令，绘制一个踏步（高 167，宽 280），如图 10-38（a）所示。依次输入对应的高宽尺寸，可以得到所有的踏步。执行【L】直线命令，绘制 100

厚的梯段板，关闭辅助线效果如图 10-38（b）所示。

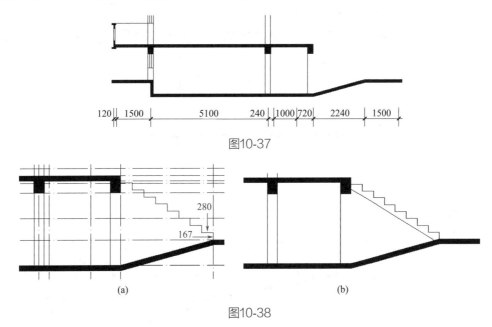

图10-37

图10-38

另一段踏步的尺寸为 161×280，数量为 9 步。完成后执行【O】偏移命令，绘制如图 10-39 所示辅助线。

执行【ML】多线命令绘制休息平台处楼板和梁，根据尺寸要求设置，梯段板厚 120，平台梁高 300，宽 250，雨篷板厚 100，完成后如图 10-39 所示。

步骤 6　绘制楼梯间右侧的墙体和门窗。

转换图层并进行多线的设置等命令，绘制墙体、门窗和梯段板填充等，然后进行梯段、墙体、门窗的复制，结果如图 10-40 所示。

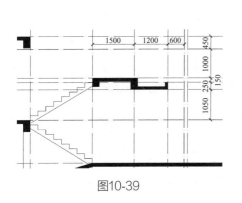

图10-39

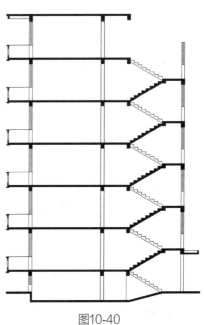

图10-40

步骤 7 绘制屋顶剖面

先绘制屋顶左侧部分，作出如图 10-41 所示的辅助线和图形。执行【ML】多线命令，注意屋面板厚 120，屋脊宽度 240，高度 320。适当执行复制、修剪等命令，得到如图 10-41 所示的效果。

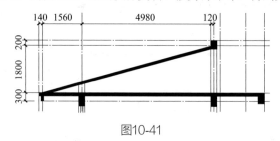

图10-41

然后绘制屋顶右侧部分，方法和上面相同。注意绘制屋面板厚度为 120，挑檐沟板厚 100，结果如图 10-42 所示。

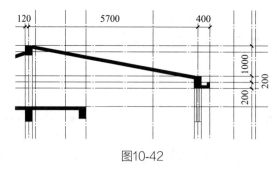

图10-42

步骤 8 补充楼梯间

补充楼梯间如图 10-43 所示，该楼层高度为 3000，所以楼梯的踏步尺寸需要调整为宽 280，高 167。绘制方法和前述一样。

步骤 9 补充部分轮廓线等

由于在绘图过程中，难免会遗忘部分内容，所以要补充遗漏的内容。如室内梁部位轮廓线、楼梯间入户门立面图、楼梯扶手简化线、外墙轮廓线等，补充完整如图 10-44 所示。

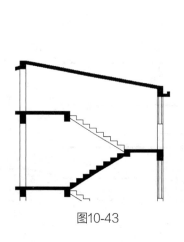

图10-43

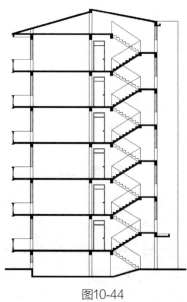

图10-44

步骤 10 尺寸标注和标高标注

方法和步骤与立面图相同。

步骤 11 插入图框

补充其他遗漏剖面图例，完成图名标注，插入图框，结果如图 10-45 所示。

步骤 12 图形清理

按【CTRL+S】键，保存文件，再执行【PU】图形清理命令，完成后再次保存文件。

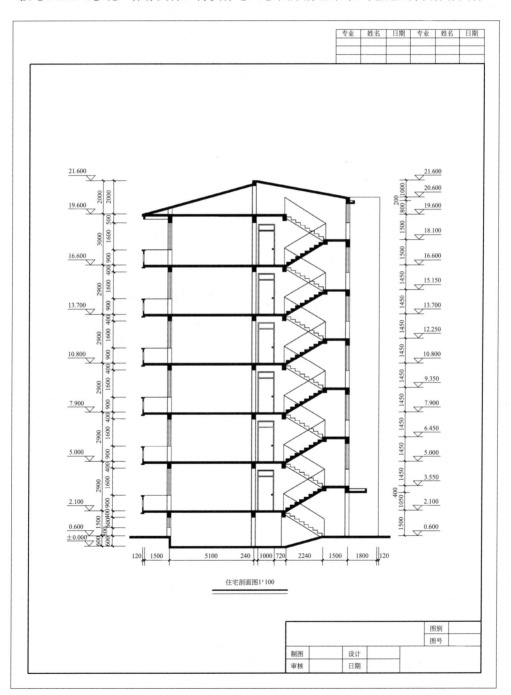

图10-45

痛点解析

痛点1　打开文件提示代理信息

图10-46

菜鸟：我的文件打开时，提示如图 10-46 所示的代理信息，怎么回事？

学霸：这是因为打开的文件是在其他 CAD 软件绘制的，比如天正建筑，通常需要安装相应的软件才可以打开，如果忽略代理信息，也可以打开，只是会缺少一些显示内容。

痛点2　镜像后文字反了

菜鸟：在镜像图形时，我的文字也被镜像了，成反的字了，怎么办？

学霸：这是系统变量的改变造成的，解决的方法是，输入【MIRRTEXT】，确定，再输入"0"并回车，然后再执行镜像命令，文字就不会变反了。

痛点3　捕捉时按【TAB】

菜鸟：当捕捉对象上的特定点时，有时图形复杂，捕捉到的点太多，怎么办？

学霸：将光标靠近该对象，按【TAB】键，该对象蓝色亮显，每按一次【TAB】键，捕捉点切换一次，单击左键即可捕捉到需要的点，如图 10-47 所示。

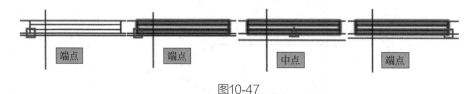

图10-47

放大招

大招1　下载安装字体

菜鸟：使用 AutoCAD 绘图时，感觉字体比较少，怎么添加字体呢？

学霸：安装字体一般是通过 AutoCAD 专用的字库文件，复制后粘贴到 AutoCAD 安装目录的"FONTS"文件夹中。只要是字体文件足够全，就可以解决一般的字体匹配问题。

大招2　提示缺少 SHX 文件，打开文件后不能正常显示

菜鸟：我打开一个别人的 DWG 文件，提示缺少 SHX 文件，如图 10-48 所示，忽略后打开就是满屏"？"，或者不显示文字等，怎么办呢？

学霸：通常有两种方式解决。方法一，选择"为每个 SHX 文件指定替换文件"，然后在弹出的对话框中，指定字体选择"gbcbig.shx"进行替换，如图 10-49 所示。如果缺少的字体较多，可能需要多次替换。

方法二，修改字体映射文件。在 AutoCAD 软件中，字体映射文件 acad.fmp 在"C:\program files\autodesk\autocad 2023\userdatacache\support\"，可以用记事本打开该文件，如图 10-50 所示。通常需要根据该文件的编写方法，分号前面是缺少的字体，分号后面是替换的字体。

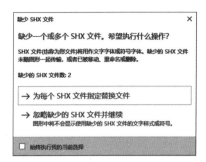

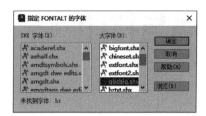

图10-48　　　　　　　　　　　　　　　　　　图10-49

图10-50

第 11 章
布局与打印

 知识图谱

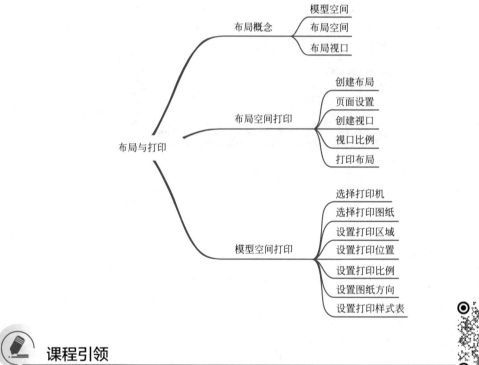

 课程引领

本章将学习：布局的概念，布局空间打印，模型空间打印。布局是对事物的全面规划和安排。本章学习绘图空间的布局，通过布局设置来实现对图纸的管理和打印输出等。

11.1 布局概念

【学习目标】

在 AutoCAD 中，有模型空间和布局空间，通常在模型空间绘制对象，在布局空间完成打印。可通过绘图区左下角处的"模型 / 布局"选项卡，访问一个或多个布局。可以创建多个布局选项卡，按多个比例和不同的图纸大小显示各种模型空间对象的详细信息。

如果绘图区左下角没有显示布局选项卡，就是被隐藏了，单击功能区的"视图"选项卡，单击右侧的显示隐藏布局选项卡，如图 11-1 所示。

图11-1

（1）模型空间

在模型空间中进行二维或者三维图形的设计绘图操作。模型空间是一个三维的绘图环境，这个空间是相对于现实环境所塑造出来的虚拟空间，在模型空间中，可以全方面展示二维、三维实体的造型等情况。在打开 AutoCAD 的时候，默认就是打开模型空间，图形对象在模型空间中进行绘制。

（2）布局空间

布局空间就是图纸布局环境，可以在布局空间指定图纸大小、添加标题栏、显示模型的多个视图以及创建图形的标注和注释。布局空间通常是为了打印图纸而设置的。

一个图形文件可以包含多个布局，每个布局代表一张单独的打印输出图纸。单击布局选项卡，就可以进入相应的图纸空间环境，如图 11-2 所示。

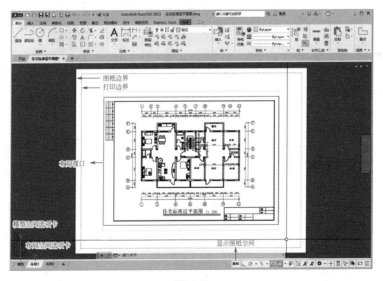

图11-2

（3）布局视口

在当前布局中创建布局视口可访问模型空间，布局视口相当于模型空间中的视图对象，可以在布局视口中处理模型空间对象，只需要在布局视口上双击鼠标左键，即可进入视口中的模型空间。在模型空间中的所有修改都将反映到所有图纸空间视口中，完成修改后双击视口外的区域即可退出模型空间，返回布局视口。

可以创建布满整个布局的单一布局视口，也可以在布局中创建多个布局视口。创建视口后，可以根据需要更改其大小、特性、比例及对其移动。

11.2　布局空间打印

通过在布局中设置页面和布局视口等，可以实现在布局中打印或发布图纸。

【命令步骤】

步骤 1　打开文件

按【CTRL+O】键，打开配套资源库中的"三角小花园设计 .dwg"文件，该文件已经在模型空间绘制完成并插入了图框，下面根据图框尺寸及内容进行页面布局。

步骤 2　页面设置

右键单击"布局 1"选项卡，弹出菜单选择页面设置管理器，按照如图 11-3 所示步骤进行设置。

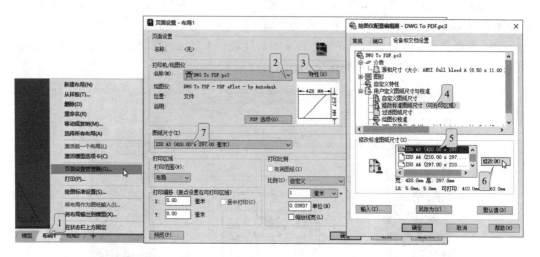

① 右键单击"布局 1"，选择页面设置管理器。

② 在打开的页面设置中，单击选择"DWG To PDF.pc3"打印机。

③ 单击打印机右侧的特性。

④ 在弹出的绘图仪配置编辑器中单击"修改标准图纸尺寸（可打印区域）"。

⑤ 选择"ISO A3（420.00×297.00）"打印图纸。

⑥ 单击右侧的修改，在弹出的自定义图纸尺寸对话框中，修改可打印区域的"上下左右"均为 0，单击下一页至完成，返回页面设置。

⑦ 选择打印图纸为刚刚完成设置的"ISO A3（420.00×297.00）"，其他暂时不做修改，单击确定完成页面设置。

图11-3

步骤 3 删除原有视口

执行【E】删除命令，删除原有视口。

步骤 4 创建视口

输入【MV】，确定，执行视口命令，指定左下角点为 (0,0)，对角点为 (420,297)，完成后如图 11-4 所示。

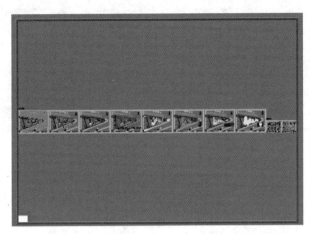

图11-4

步骤 5 视口编辑

在视口内任意区域双击鼠标左键，进入编辑状态，此时视口边界加粗蓝色显示，十字光标只能在视口内移动，如同我们从室内看窗外的风景，如图 11-5 所示。

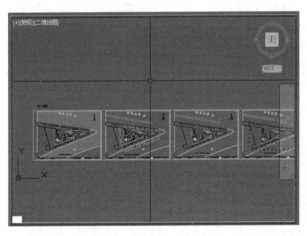

图11-5

步骤 6 缩放视图

执行【Z】视图缩放命令，输入"O"，选择第一张图纸的图框，确定，完成后如图 11-6 所示。

步骤 7 设置比例

移动鼠标至视口外区域，双击左键退出视口内编辑，单击视口边界，可在单击视口的三角形夹点设置比例，如果没有"1：200"的比例，可以单击状态栏托盘的比例进行自定义，如图 11-7 所示。

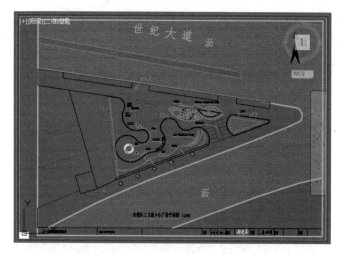

图11-6

图11-7

① 单击状态栏托盘比例。

② 单击自定义。

③ 单击添加。

④ 输入比例名称"1：200"。

⑤ 输入图形单位 200。

⑥ 确定，完成比例添加。

步骤 8　执行打印

按【CTRL+P】键，执行打印命令，在弹出的打印对话框按照如图 11-8 所示进行设置，完成后即可打印为 PDF 文件。

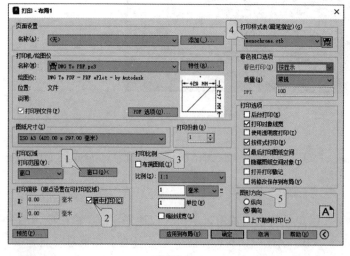

图11-8

① 设置打印区域，窗口选择打印的图框外边线。

② 设置打印偏移，居中打印。

③ 设置打印比例，自动 1：1。

④ 设置打印样式表，下拉选择"monochrome.ctb"。

⑤ 设置图形方向。

11.3　模型空间打印

实际上布局的设置对于很多设计人员来讲，略显复杂，所以在实际工程中，不少设计师采用在模型空间中直接打印的方式进行。

【命令步骤】

步骤 1　打开文件

按【CTRL+O】键，打开配套资源库中的"三角小花园设计.dwg"文件，该文件已经在模型空间绘制完成并插入了图框，并且在模型空间打印中，按照对应的比例进行了图框的缩放，比如按照"1：200"的比例，A3 图框的尺寸调整为 84000×59400，这样在打印设置中选择 420×297 的图纸，就实现比例的调整。

步骤 2　打印设置

在执行打印之前，关闭不需要打印的图层，设置好相应图层的线型、线宽、透明度等显示效果。

步骤 3　打印

按【CTRL+P】键，执行打印命令，打开"打印 - 模型"对话框，根据如图 11-9 所示的步骤进行设置，确定即可进行打印。

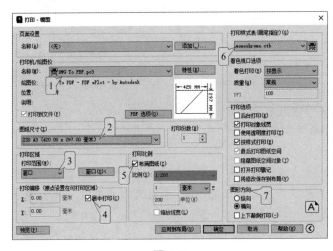

图11-9

① 选择打印机，电脑如果有配置打印机可以直接选择，没有就选择 PDF 打印机。

② 选择打印图纸尺寸，这里选择 A3 标准图纸。

③ 设置打印区域，窗口选择打印的图框外边线。

④ 设置打印偏移，居中打印。

⑤ 设置打印比例，复选布满图纸。

⑥ 设置打印样式表，下拉选择 "monochrome.ctb"。

⑦ 设置图形方向。

痛点解析

痛点 1　打印空心字

菜鸟：我需要打印空心字，有没有办法？

学霸：打印空心字在 AutoCAD 中有系统命令。输入【TEXTFILL】，确定，执行文字填充命令，修改系统变量值为 0，打印字体为空心；系统变量值为 1，打印字体为实心的。如图 11-10 所示为打印预览看到设置后的空心字效果。不过，该命令适用的文字为 TRUETYPE 字体，SHX 字体无效。

桃李春风住宅楼设计

图11-10

痛点 2　设置不透明度打印

菜鸟： 设计图纸中的地形图，或者辅助线需要打印淡显，怎么办？

学霸： 这个需要先设置图层透明度，透明度为 0 ~ 90，0 为全显打印，值越大淡显越明显。然后在打印时复选使用不透明度打印。设置辅助线透明度 70，打印后明显辅助线变淡，预览效果如图 11-11 所示。

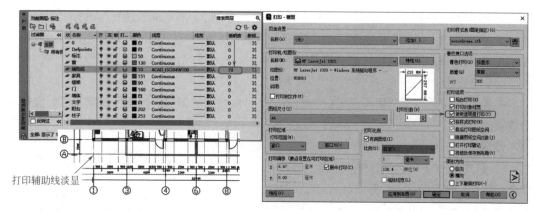

图11-11

放大招

大招 1　Word 编辑中插入 CAD 图形的技巧

菜鸟： 我撰写论文的时候，用 CAD 绘制的图，如何在 Word 中应用呢？

学霸： 通常有两种方法。

第一，安装抓图类软件。此类软件的特点是，可以捕捉各类图标、窗口、操作过程和完整的图形，方便快捷。当然要注意的是，抓图时 AutoCAD 绘图区域的背景颜色应改为白色。

第二，安装 "BETTERWMF" 软件。该软件的最大优势为后台运行，启动该软件后，只需要在 AutoCAD 中，选择对象，执行【CTRL+C】，然后到 Word 文档中执行【CTRL+V】，可实现复制粘贴过程，并且在 Word 文档中，图片没有背景颜色，只有图形的线条，不受图形文件格式影响，打印效果最清晰。不过该软件只能抓取图形，对于图标、活动窗口、操作过程等不能实现抓取。

大招 2　CAD 中引入 Excel 表格技巧

菜鸟： AutoCAD 中可以插入 Excel 表格，不过修改起来不是很方便，一点小小的修改就得进入 Excel，修改完成后，又得退回到 AutoCAD，有什么好办法吗？

学霸： 可先在 Excel 中绘制表格，选择表格并复制到剪贴板，然后在 AutoCAD 功能区选项板的粘贴图标下拉菜单找到选择性粘贴，在弹出的对话框中选择作为 "AutoCAD 图元"，如图 11-12 所示。

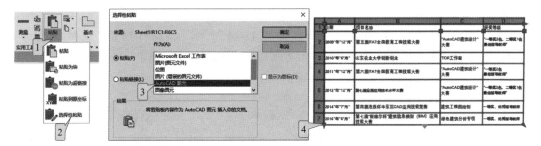

① Excel 表格复制后，单击此处。

② 单击选择性粘贴。

③ 选择"AutoCAD 图元"，确定，返回绘图区单击插入基点。

④ 通过夹点编辑，调整表格大小等。

图11-12

大招 3　CAD 文件导入 Photoshop 技巧

菜鸟：在 AutoCAD 绘制的图形文件，Photoshop 如何引用？

学霸：AutoCAD 绘制的图形不能在 Photoshop 中打开，但是如果要转换到 Photoshop 中编辑处理，比如在 Photoshop 中作平面彩图，就需要有 CAD 绘制的底图，普通的截图到 Photoshop 中是不能满足要求的，需要转换为高清的图，通常是转换为 EPS 格式的文件，导入 Photoshop。

【命令步骤】

步骤 1　安装 ADOBE 的绘图仪

如图 11-13 所示，在打开的文档中单击添加绘图仪向导，按照提示一直按下一页即可完成创建"Postscript Level 1"的打印机。

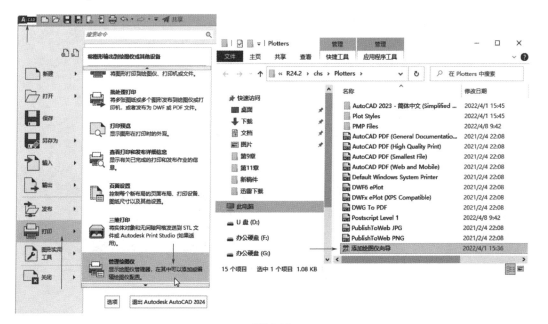

图11-13

步骤 2 虚拟打印

按【CTRL+P】键，执 行 打 印 命 令，如 图 11-14 所 示，选 择 打 印 机 / 绘 图 仪 名 称 为
"Postscript Level 1.pc3"，并复选"打印到文件"，其他步骤相同，确定，完成 EPS 文件打印。

图11-14

步骤 3 Photoshop 打开

启动 Photoshop 软件，打开 EPS 文件，该文件的优点是打开时可以重设文件分辨率和大
小，且背景为透明。

参考文献

[1] 赵武 .AutoCAD 工程应用教程 [M]. 北京：中国农业出版社，2016.

[2] 赵武 .AutoCAD 建筑绘图与天正建筑实例教程 [M]. 北京：机械工业出版社，2014.

[3] 赵武 .AutoCAD 建筑绘图精解 [M]. 北京：机械工业出版社，2008.

[4] 赵武，霍拥军 . 计算机辅助设计 [M]. 北京：中国建材工业出版社，2008.

[5] 周波，赵武，范曰刚 . 基于慕课的计算机辅助设计课程翻转课堂教学改革 [J]. 教育信息化论坛，2021，09：64-65.

[6] 赵武，霍拥军 . 基于慕课的建筑设计类课程教学改革探析 [J]. 吉首大学学报，2017，S2：204-206.

[7] 马婷婷，刘莉莎，罗亚琼 . 计算机辅助设计"教学做"一体化教学模式改革与实践 [J]. 才智，2014(5)：137.

[8] 刘严 . 基于信息化背景下高职土建类设计专业混合式教学模式的探索与实践——以计算机辅助设计课程为例 [J]. 教育观察，2019，8(32)：68-69.

[9] 陈佳丽 . 基于课程思政教学设计改革途径研究——以计算机平面设计专业计算机辅助设计课程为例 [J]. 乌鲁木齐职业大学学报，2021，30(2)：10-12.

[10] 梁志扬，李贝 . 多维进阶式领导力工程人才培养模式探讨 [J]. 中国冶金教育，2018(5)：17-20，22.

[11] 龚卓，周晨，汤如金，等 . 基于能力导向的计算机辅助设计系列课程混合式教学模式研究 [J]. 文化创新比较研究，2021，5(23)：78-81.

[12] 吉毅 . "实例贯穿＋竞赛引导"教学模式在计算机辅助设计课程中的应用研究 [J]. 工业设计，2019(7)：37-38.

[13] 郑海霞，闻鑫，左佳宁，等 .OBE 教学模式下基于"分堂教学"的《园林计算机辅助设计》课程教学改革研究 [J]. 湖北农业科学，2020，59(S1)：495-497.

[14] 陈静，刘秀伦 . 四贯通五融合：思政课实践教学生态圈构建与实践——基于行动研究法的实证研究 [J]. 职业技术教育，2021，42(20)：53-57.